INDUSTRIAL
DESIGN DATA BOOK

工业设计资料集 10

工具·机器设备

分册主编　杨向东
总 主 编　刘观庆

中国建筑工业出版社

《工业设计资料集》总编辑委员会

顾　　问　　朱　焘　王珮云（以下按姓氏笔画顺序）
　　　　　　王明旨　尹定邦　许喜华　何人可　吴静芳　林衍堂　柳冠中
主　　任　　刘观庆　江南大学设计学院教授
　　　　　　　　　　苏州大学应用技术学院教授、艺术系主任
　　　　　　张惠珍　中国建筑工业出版社编审、副总编辑
副 主 任　　（按姓氏笔画顺序）
　　　　　　于　帆　江南大学设计学院副教授、工业设计系副主任
　　　　　　叶　苹　复旦大学上海视觉艺术学院教授、教务长
　　　　　　江建民　江南大学设计学院教授
　　　　　　李东禧　中国建筑工业出版社第四图书中心主任
　　　　　　何晓佑　南京艺术学院教授、副院长兼工业设计学院院长
　　　　　　吴　翔　东华大学服装·艺术设计学院教授、工业设计系主任
　　　　　　汤重熹　广州大学教授、中国工业设计协会副会长
　　　　　　张　同　复旦大学上海视觉艺术学院教授、院长助理兼设计学院院长
　　　　　　张　锡　南京理工大学机械工程学院教授、设计艺术系主任
　　　　　　杨向东　广东工业大学教授、华南工业设计院院长
　　　　　　周晓江　中国计量学院艺术与传播学院副教授、工业设计系主任
　　　　　　彭　韧　浙江大学计算机学院副教授、数字媒体系副主任
　　　　　　雷　达　中国美术学院教授
委　　员　　（按姓氏笔画顺序）
　　　　　　于　帆　王文明　王自强　卢艺舟　叶　苹　朱　曦　刘观庆　刘　星
　　　　　　江建民　严增新　李东禧　李亮之　李　娟　肖金花　何晓佑　沈　杰
　　　　　　吴　翔　吴作光　汤重熹　张　同　张　锡　张立群　张　煜　杨向东
　　　　　　陈丹青　陈杭悦　陈海燕　陈　嬿　周晓江　周美玉　周　波　俞　英
　　　　　　夏颖翀　高　筠　曹瑞忻　彭　韧　蒋　雯　雷　达　潘　荣　戴时超
总 主 编　　刘观庆

《工业设计资料集》❿
工具·机器设备
编辑委员会

主　　编	杨向东					
副 主 编	黄　旋	罗明君	周　凯			
编　　委	王习之	蒋　雯	王金广	余　宇	赵　璧	张　欣	陈朝杰
	潘　莉	钟　韬	张　立	陈亦冰	师　宏	刘方伟	戴小乐
	陈巍娣	方建松	刘　帆	孟　烨	何小娟	潘文芳	康　乐
	杨井兰	何倩琪	杨　光	王唯一	曾燕强	黄慧娴	陈小南
	刘东坚	徐娅丹	汤　彧	谢嘉毅	梁艳婷	冯　颖	张　剑

参编单位和参编人员

广东工业大学	梁少君	谢晓娜	何海珊	付家声	张长霓	杨玉文
	黄本羽	蓝杰文	林振贵	张燕青		

广东华南工业设计院	饶高昶	李海明	叶小宝	周玉芳	周禹丰	叶泽才
	唐宗海	许怀丰	苏文渊	李腾平	陈　生	钟翠敏
	赵影平	张文娜	邓伟华			

广东白云学院	范伟东	陈　弘	陈泽纯	周伟光	杨　琦	张淑珍
	温丽娟	邓陈容	方少耿	阙东亮	冯泳娱	梁根立

总　序

造物，是人类得以形成与发展的一项最基本的活动。自从 200 万年前早期猿人敲打出第一块砍砸器作为工具开始，创造性的造物活动就没有停止过。从旧石器到新石器，从陶瓷器到漆器，从青铜器到铁器……材料不断更新，技艺不断长进，形形色色的工具、器具、用具、家具、舟楫、车辆以及服装、房屋等等产生出来了。在将自然物改变成人造物的过程中，也促使人类自身逐渐脱离了动物界。而且，东西方不同的民族以各自的智慧在不同的地域创造了丰富多彩的人造物形态，形成特有的衣食住行的生活方式。而后通过丝绸之路相互交流、逐渐交融，使世界的物质文化和精神文化显得如此绚丽多姿、光辉灿烂。

进入工业社会以后，人类的造物活动进入了全新的阶段。科学技术迅猛发展，钢铁、玻璃、塑料和种种人工材料相继登场，机器生产取代了手工业，批量大，质量好，品种多，更新快，新产品以几何级数递增，人造物包围了我们的世界。一门新的学科诞生了，这就是工业设计。产品设计自古有之，手工艺时代，设计者与制造者大体上并不分离；机器生产时代，产品批量化生产，设计者游离出来，专门提供产品的原型，工业设计就是这样一种提供工业产品原型设计的创造性活动。这种活动涉及产品的功能、人机界面及其提供的服务问题，产品的性能、结构、机构、材料和加工工艺等技术问题，产品的造型、色彩、表面装饰等形式和包装问题，产品的成本、价格、流通、销售等市场问题，以及诸如生活方式、流行、生态环境、社会伦理等宏观背景问题。进入信息时代、体验经济时代以来，技术发生了根本性的变革，人们的观念改变、感性需求上升、不同文化交流、碰撞和交融，旧产品不断变异或淘汰，新产品不断产生和更新，信息化、系统化、虚拟化、交互化……随着人造物世界的扩展，其形态也呈现出前所未有的变化。

人造物世界是人类赖以生存的物质基础，是人类精神借以寄托的载体，是人类文化世界的重要组成部分。虽然说不上人造物都是完美的，虽然人造物也有许多是是非非，但她毕竟是人类的杰出成果。将这些人类的创造物汇集起来，展现出来，无疑是一件十分有意义的事情。

中国建筑工业出版社从 20 世纪 60 年代开始就组织出版了《建筑设计资料集》，并多次修订再版，继而有《室内设计资料集》、《城市规划资料集》、《园林设计资料集》……相继问世。三年前又力主组织出版《工业设计资料集》。这些资料集包含的其实都是各种不同类型的人造物，其中《工业设计资料集》包含的是人造物的重要组成部分，即工业化生产的产品。这些资料集的出版原意虽然是提供设计工具书，但作为各种各样人造物及其相关知识的汇总与展现，是对人类文化成果的阶段性总结，其意义更为深远。

《工业设计资料集》的编辑出版是工业设计事业和设计教育发展的需要。我国的工业设计经过长期酝酿，终于在 20 世纪七八十年代开始走进学校、走上社会，在世纪之交得到政府和企业的普遍关注。工业设计已经有了初步成果，可以略作盘点；工业设计正在迅速发展，需要资料借鉴。工业设计的基本理念是创新，创新要以前人的成果为基础。中国建筑工业出版社关于编辑出版《工业设计资料集》的设想得到很多高校教师的赞同。于是由具有 40 多年工业设计专业办学历史的江南大学牵头，上海交通大学、东华大学、浙江大学、中国美术学院、浙江工业大学、中国计量学院、南京理工大学、南京艺术学院、广东工业大学、广州大学、复旦大学上海视觉艺术学院、苏州大学应用技术学院等十余所高校的教师共同参加，组成总编辑委员会，启动了这一艰巨的大型设计资料集的编写工作。

中国建筑工业出版社委托笔者担任《工业设计资料集》总主编，提出总体构想和编写的内容体例，经总编委会讨论修改通过。《工业设计资料集》的定位是一部系统的关于工业化生产的各类产品及其设计知识的大型资料集。工业设计的对象几乎涉及人们生活、工作、学习、娱乐中使用的全部产品，还包括部分生产工具和机器设备。对这些产品进行分类是非常困难的事情，考虑到编写的方便和有利于供产品设计时作参考，尝试以产品用途为主兼顾行业性质进行粗分，设定分集，再由各分集对产品具体细分。由于工业产品和过去历史上的产品有一定的延续性，也收集了部分中外古代代表性的产品实例供参照。

资料集由10个分册构成，前两分册为通用性综述部分，后八分册为各类型的产品部分。每分册300页左右。第1分册是总论；第2分册是机电能基础知识·材料及加工工艺；第3分册是厨房用品·日常用品；第4分册是家用电器；第5分册是交通工具；第6分册是信息·通信产品；第7分册是文教·办公·娱乐用品；第8分册是家具·灯具·卫浴产品；第9分册是医疗·健身·环境设施；第10分册是工具·机器设备。

资料集各分册的每类产品范围大小不尽相同，但编写内容都包括该类产品设计的相关知识和产品实例两个方面。知识性内容包含产品的基本功能、基本结构、品种规格等，产品实例的选择在全面性的基础上注意代表性和特色性。

资料集编写体例以图、表为主，配以少量的文字说明。产品图主要是用计算机绘制或手绘的黑白单线图，少量是经过处理的照片或有灰色过渡面的图片。每页页首有书眉，其中大黑体字为项目名称，括号内的数字为项目编号，小黑体字为该页内容。图、表的顺序一般按页分别编排，必要时跨页编排。图内的长度单位，除特殊注明者外均采用毫米（mm）。

《工业设计资料集》经过三年多时间、十余所高校、数百位编写者的日夜苦干终于面世了。这一成果填补了国内和国际上工业设计学科领域系统资料集的出版空白，体现了规模性和系统性结合、科学性和艺术性结合、理论性和形象性结合，基本上能够满足目前我国工业设计学科和制造业迅速发展对产品资料的迫切需求，有利于业界参考，有利于国际交流。当然，由于编写时间和条件的限制，资料集并不完善，有些产品收集的资料不够全面、不够典型，内容也难免有疏漏或不当之处。祈望专家、读者不吝指正，以便再版时修正、补充。

值此资料集出版之际，谨向支持本资料集编写工作的所有院校、付出辛勤劳动的各位专家、学者和学生们表示最崇高的敬意！谨向自始至终关心、帮助、督促编写工作的中国建筑工业出版社领导尤其是第四图书中心的编辑们致以诚挚的谢意！

愿这部资料集能为推动我国工业设计事业的发展，为帮助设计师创造出更新更美的产品，为建设创新型社会作出贡献！

2007年5月

前　言

原始工具的发明促成了"人猿揖别"。从此，人类诞生并开始了为自身生存和发展而进行的永无休止的造物活动。数千年来，特别是进入工业化时代以来，人类依靠自己的智慧和勤劳，用工具以及由此发展而来的机器设备，创造了堪与自然界的丰富性和多样性相媲美的人工物世界，也在此过程中创造了科学技术与精神文明。

当今的科学技术和社会发展突飞猛进，人类正以惊人的速度迈入信息时代，在这个以虚拟性、全球性、交互性与开放性为特征的信息社会里，工业设计的内涵、对象都发生了很大的变化；同时，各门类学科和技术的相互交叉与融合进一步加速。在此背景下，工业设计作为现代产业链的重要一环，与制造业的关系越来越密切，其所涉及的产业范围也越来越广，因此工业设计师的视野和知识领域也必须不断拓宽和深化。《工业设计资料集》的编辑出版正是适应这一需求所开展的一项巨大而有意义的工程。这套资料集所涉及的内容极为广泛，前九分册包括了：机电基础知识、材料及加工工艺，以及交通工具、信息通信产品、家用电器、办公用品、家具、灯具与卫浴产品、厨房与日常用品、医疗、健身与环境设计等；而本分册所介绍的则是制造包括上述产品在内的各种产品，以及发展农业、实施工程建设和提供现代服务的工具与机器设备。

工具与机器设备是制造业的基础，其中的机器设备在国民经济中占有重要地位，它反映一个国家制造业的技术水平，是衡量这个国家的工业生产能力和科技水平的重要标志之一。然而，以往我国工具与机器设备的设计与制造往往偏重于强调功能、效率和技术上的先进性，而忽略了产品的形态、色彩、质感、人机工学与交互性等工业设计品质，导致产品形象差、附加值低，难以形成品牌。近年来，由于国家的政策引导和工业设计知识的日益普及，工具与机器设备的工业设计逐步受到企业的重视，越来越多的设计机构和设计师参与了相关产品的研发与设计过程。事实证明，这对于改善工具与机器设备的产品形象、促进销售，提升产品附加值，打造产品品牌，提高经济效益产生了重要推动作用。

工具与机器设备种类繁多，内容庞杂，其分类方法也多种多样。本分册为便于读者查阅，工具篇主要按工具使用时所用动力源和行业、功能进行分类；而机器设备篇则主要按照其使用行业、功能及技术特征进行分类。为能清晰、形象地表现各类别工具与机器设备的造型特征和材质感，本书除在说明相关产品的结构时采用线描形式外，其余均采用精度较高的产品照片加以表现，并根据各类工具与机器设备的代表性、典型性进行了必要的取舍，力图囊括各领域、各类别的相关工具及机器设备，从原理、结构和工业设计等方面加以介绍，使设计师在从事相关产品设计时能获得必要的参考。但限于能力和水平，也受资料来源和篇幅的局限，难以面面俱到，书中不免存在疏漏和不足之处，恳请各位专家和广大读者批评、指正。

2010 年 11 月

目　录

001-029

001	1	工具概述
003	2	手工工具
003		钳类工具
008		扳手类工具
012		旋具类工具
013		手锤、斧头、冲子类工具
015	3	钳工工具
015		虎钳类
016		锉刀及扁铲类工具
018		钢锯及锯条类工具
019		手钻类工具
020		划线工具
022	4	管工及热工工具
022		管工工具
024		热工工具
028	5	电工工具
028		钳类工具
029		其他电工工具

031-065

031	6	木工及园艺工具
031		木工工具
033		园艺工具
036	7	测量工具
036		尺类工具
037		卡钳类工具
037		卡尺类工具
039		千分尺类工具
042		指示表
044		量规
047		角尺、平板、角铁
048		水平仪
049		其他测量仪
050	8	电动工具
051		金属切削类
054		砂磨类
056		装配作业类
058		林木类和农牧类
061		建筑、筑路和矿山类
065		其他类电动工具

066-153

- 066　9　气动工具
- 066　金属切削类
- 068　砂磨类
- 069　装配作业类
- 071　铲锤类
- 073　液压工具

- 075　10　其他工具

- 081　11　机器设备

- 083　12　机械制造加工设备
- 083　金属切削加工设备
- 112　金属压力加工设备
- 115　铸造机械
- 118　焊接与切割设备

- 125　13　农、林、牧及渔业机械

- 140　14　工程、矿山机械
- 140　工程机械
- 153　矿山机械

158-246

- 158　15　制造业专用生产加工设备
- 158　柔性加工设备
- 161　塑料成型设备
- 168　快速成型设备
- 170　木工机械
- 177　纺织及制衣机械
- 186　皮革加工设备
- 189　纸加工机械
- 197　印刷机械
- 208　食品机械
- 214　包装相关设备
- 223　电子产品制造设备

- 233　16　商业、金融与服务设备
- 233　商业专用设备
- 235　金融设备
- 239　服务设备

- 243　参考文献
- 246　编后语

[1] 工具概述

1. 工具的定义与范畴

《当代汉语词典》对工具的定义包括两类,一类是工具的本意,指的是人类在生产劳动及生活中使用的器具;另一类为工具的引申意,泛指用以达到某种目的的方法或手段,一些计算机软件也被称为工具。本书所探讨的工具是指前者,即能够方便人们完成工作的各种器具。从广义上讲,工具的概念也包括各类机器设备、交通工具、电脑以及家用电器等,但由于它们大多较为复杂,而且种类繁多,故通常只将依靠人手握持使用的、较机械设备等相对简单的机械称为工具。

2. 工具与人类的发展

哲学家曾经认为只有人类才会使用工具,因此将人定义为懂得使用工具的动物。可是观察发现黑猩猩及其他动物,特别是灵长类动物和某些鸟类(如渡鸦)及海獭等都能使用工具,有的甚至还会制作简单的工具。但尽管如此,大部分人类学家仍然相信,人类与动物有着质的不同,工具的使用是人类进化史上重要的一步;由于直立行走和长期使用工具,人类的手足实现了明确分工,发展出便于握持工具的双手及手指,而智力的进步与科学的发展帮助人类不仅能适当运用工具,而且能批量化的生产工具。工具是人类文化不可或缺的重要部分。

早在200多万年前,人类的祖先——猿人,就已经能够使用简单的石制工具。而在旧石器时代,人类就用压制法从石核上打制出长而锋利的薄片,即"石刀",并利用其制作出各种新型的工具以及"制作工具用的工具"。有些新型工具是由不同的材料组合而成的,如以兽骨、兽角或燧石作锋刃的长矛和装有骨制或木制把柄的石质刮削器。这时人类还发明了抛射物式的工具,如用于捕猎野牛的一端系有重球的绳索、投石器、投矛器和弓箭等。

随着人类历史从"石器时代"到"青铜时代"、"铁器时代",再到当前的"电子信息时代"的发展,工具发生了巨大变化,经历了由简单到复杂、由低效到高效、由粗糙到精细、由单一功能走向多重功能的进化和演变。工具促进了人类的发展,人类社会的发展又加速了工具的变革,而工具的变革则进一步推动了生产力的发展,最终加速了人类社会的发展。纵观整个人类发展史,其实就是一部不断创新工具、制造工具、使用工具的历史。

3. 工具对于人类的意义

工具对于人类劳动的效率有着非同寻常的意义。人类借助早期的劳动工具——石器和木棒,使得食物来源不再单靠原始的狩猎或采集,而过渡到大半或全部靠栽培植物和畜养动物来获得,从此人类所扮演的角色从食物采集者变为食物生产者。

而工具对于人类的意义不仅于此,美国伊利诺伊大学考古学家安布罗斯的研究报告写道:从开始能够制造简单工具的250万年前到30万年前这段漫长的历史时期中,人类的进化速度相当缓慢;而在距今30万年前左右,人类开始学会制造复杂工具之后,人脑中专门负责复杂任务的大脑前叶部分同复杂工具和语法语言呈现同步发展的现象。在人类进化过程中出现的第一个突破是发明用双手使用的工具,通常一只手主要起稳定作用,另一只手施力,从此人类真正脱离了猿人时期,进入前现代人阶段。安布罗斯还指出,制造和使用多部件工具促进了大脑功能的发展,并为语言的进化提供了基础,因为制造复杂工具需要提高动作技能和具备解决问题及制订计划的能力。他总结说,是复杂工具令人类进化成今天这样的程度。

4. 工具的设计

工具的产生源于人类生活与生产劳动的各种需求,它是人类生产力发展的直接产物。技术的不断进步促使更好的新工具产生,所以工具也是科技和生产力发展的证明。人类在漫长的发展历程中,创造了无数的工具,也积累了工具设计与制造的丰富经验。

工具的设计,与其他工业产品在设计理念与程序、方法上基本相同,但由于它具有依靠人手握持操作以及经常用于装配、修理等特点,因此工具的设计需要关注以下几点:

(1)注重功能效率。工具是协助人更好地完成工作任务的器具,一切工具的设计都必须保证功能,实现较高的劳动效率,使人能够更方便、快捷地完成某项工作。

(2)注重安全性。现代很多工作可以让机器代替人类进行,但由于技术、经济以及工作环境、条件等多方面因素的影响,还是有许多工作需要人类依靠手工操作工具完成,其中有些工作不乏危险性。经过历史的经验积累,工具虽然在安全性上已有了很大进步,但安全性仍是现代工具设计的要点。

(3)注重人机工学。工具可理解为人类肢体的延伸,通常都依靠人手工施力和操作,只有"以人为本",让人在使用工具的过程中更舒适、方便,才能使工作效率达到最大,所以工具必须按照人机工

工具概述 [1]

学的原理进行设计，力求便于人手抓握，便于有效施力与操作，并便于携带。

（4）标准化、通用化、系列化。随着经济高速发展和经济的全球化，要求产品的规格、技术实现标准化、通用化，从而令使用者在各地购买成件、零件时容易配套，实现互换，使整个生产、消费、再生产的产业链进一步整合，大大提高生产、流通效率。此外，为实现某一目的的工作往往包含一系列步骤，需要用到相关的系列工具，因此工具产品的系列化也必须予以关注。

（5）关注产品的审美性。与任何其他工业产品一样，工具的设计在满足功能的前提下，还应满足人的审美需求。为此，设计师必须通过对工具的形态、色彩与材质的创新设计，力求简洁，体现产品的功能、安全性、宜人性，并使之具有现代美感。

5. 工具的分类

工具种类繁杂，涉及生活与生产的各个层面，有多种分类方法。本书主要从实用目的出发进行分类，重点介绍现代广泛使用的通用工具。为此，本书主要参照工种分类的原则，并结合工具的动力来源将工具分为手工工具、钳工工具、管工工具、热工工具、电工工具、木工工具、园艺工具、测量工具、切削工具和磨具，以及电动工具、气动工具、液压工具等。

钳类工具　[2] 手工工具

手工工具是用手握持，以人力或以人控制的其他动力作用于物体的小型工具，用于手工切削和辅助加工。一般均带有手柄，体积较小，便于操作和携带。

最初的手工工具极为简陋，如木棒、带有棱角的石块等。在人类能够精细地将石块或兽骨加工成石斧、石刀和骨针以后，便开始使用较为复杂的手工工具。公元前4000年，冶炼技术的出现，促使农业与手工业分离，也使手工工具的制造趋于完善。现代的手工工具仍然保存着部分最初的手工工具的特征，如公元300年创造的手钳和用于拧紧旋松螺丝的成套扳手，至今仍在使用。随着科学技术的发展，手工工具的人机性能受到前所未有的关注，在造型设计、材质使用等方面也不断更新和发展；而社会经济的发展和工业生产的细密分工，使得手工工具的制造更加专业化，功能更加多样化，出现了诸如随车工具、电子仪表装配工具等专用配套手工工具。

手工工具按功能可分为切削工具和加工辅助工具，按用途可分为螺钉和螺母装配手工工具(如扳手、螺钉旋具)、建筑用手工工具、园艺用手工工具、管道用手工工具、测量用手工工具、木工用手工工具、焊接用手工工具等，常见的有锤、锉、刀、钳、锯、螺钉旋具、扳手和金刚石工具等。

钳类工具

钳是一种用于夹持、固定被加工工件，或者对工件进行扭转、弯曲、剪断等操作的手工工具。钳的外形呈V形，通常包括手柄、钳腮和钳嘴3个部分。由两片结构、造型互相对称的钳体，在钳腮部分重叠并经铆合固定而成。钳可以以钳腮为支点灵活启合，其设计包含着杠杆原理。

钳一般用碳素结构钢制造，先锻压轧制成钳坯形状，然后经过铣削、磨削和抛光等加工工序，最后进行热处理。钳的手柄依握持形式而设计成直柄、弯柄和弓柄等多种式样。钳的手柄上一般都套有以聚氯乙烯等绝缘材料制成的护管，可满足操作时候的舒适性、安全性。而在钳类工具里面，钳嘴的样式较为特别，常见的有尖嘴、平嘴、扁嘴、圆嘴、弯嘴等，可适应对不同形状工件的作业需要。

① 钢丝钳

钢丝钳又叫花腮钳、克丝钳，用于夹持或弯折薄片形、圆柱形金属零件及切断金属丝，钳腮外侧的刃口也可用于切断细金属丝。

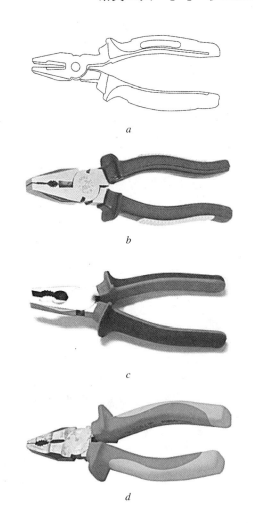

a

b

c

d

② 鲤鱼钳

鲤鱼钳用于夹持扁形或圆柱形金属零件，其特点是钳口的开口宽度有两档调节位置，可以夹持尺寸较大的零件。

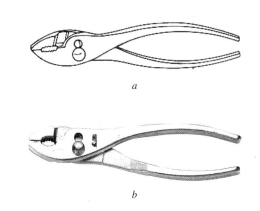

a

b

③ 尖嘴钳

尖嘴钳便于在较狭小的工作空间操作，不带刃口的只能夹捏工件，带刃口的能剪切细小工件，是仪表及电信器材等装配与修理工作的常用工具。

手工工具 [2] 钳类工具

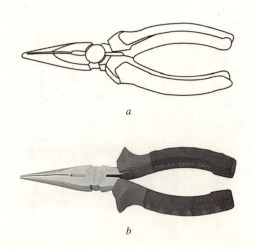

a

b

4 圆嘴钳

圆嘴钳钳头呈圆锥形，适宜于将金属薄片及金属丝弯成圆形，为一般电信工程等常用的工具，同时也是制作低端首饰的必备工具之一。

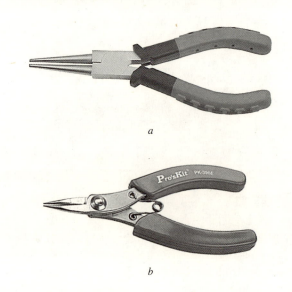

a

b

5 弯嘴钳

弯嘴钳与不带刃口的尖嘴钳相似，适宜在狭窄或凹下的工作空间使用。

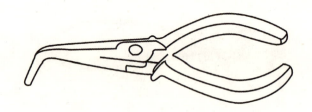

6 斜嘴钳

普通斜嘴钳用于切断金属丝；平口斜嘴钳，则适宜在下凹的工作空间中使用。

a 普通斜嘴钳

b 平口斜嘴钳

7 扁嘴钳

扁嘴钳钳口较宽，主要用于弯曲金属薄片及金属细丝成为所需的形状。在修理工作中，用以装拔销子、弹簧等，是金属机件装配及电信工程常用的工具。

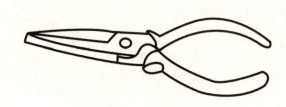

8 鸭嘴钳

鸭嘴钳与扁嘴钳相似，由于其钳口内通常不制作棱形齿纹，最适宜于纺织厂修理钢筘用。

9 修口钳

修口钳的头部比鸭嘴钳狭而薄，钳口内制有齿纹，多用于纺织厂修理钢筘。

钳类工具 [2] 手工工具

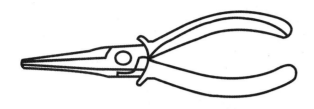

10 挡圈钳

挡圈钳用于拆装弹性挡圈。由于挡圈开式分孔用和轴用两种,并且安装部位不同,所以挡圈钳既有直嘴式和弯嘴式,又有孔用挡圈钳和轴用挡圈钳。

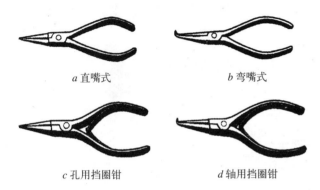

a 直嘴式　　　　b 弯嘴式

c 孔用挡圈钳　　d 轴用挡圈钳

11 大力钳

大力钳主要用于夹紧工件进行铆接、焊接、磨削等加工。钳口可以锁紧,并产生很大的夹紧力,使被夹紧工件不会松脱;钳口有多档调节位置,供夹紧不同厚度工件使用;必要时可作为扳手使用。

12 胡桃钳

胡桃钳主要用于制鞋工人拔鞋钉及木工起钉用,也可用于切断金属丝。

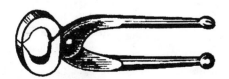

13 断线钳

断线钳主要用于切断较粗的、硬度不大于HRC30的金属线材、刺丝及电线等,有双连臂、单连臂、无连臂三种形式。钳柄分有管柄式、可锻铸铁柄式和绝缘柄式等。

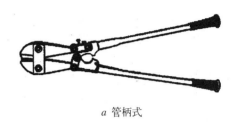

a 管柄式

b 可锻铸铁柄式

14 鹰嘴断线钳

鹰嘴断线钳用于切断较粗的、硬度不大于HRC30的金属线材等,特别适用于高空等露天作业。

a　　　　　　　b

15 铅印钳

铅印钳用于轧封仪表、包裹、文件、设备等上的铅印。

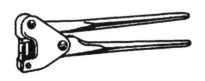

16 羊角起钉钳

羊角起钉钳主要用于开、拆木结构构件时起拔钢钉子。

手工工具 [2]　钳类工具

17 开箱钳
开箱钳用于开、拆木结构构件时起拔钢钉子。

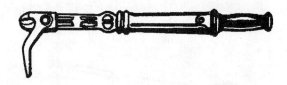

18 多用钳
多用钳用于切割、剪、轧金属薄板或丝材。

19 钟表钳
钟表钳为钟表、珠宝行业修配操作的专用工具，因嘴的形式不同可分为尖嘴钳、扁嘴钳、顶切钳、圆嘴钳和斜嘴钳。一些钟表钳常带有弹簧手柄(图f)。

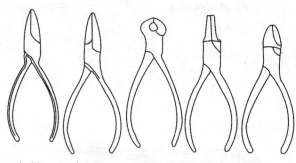

a 尖嘴钳　　*b* 扁嘴钳　　*c* 顶切钳　　*d* 圆嘴钳　　*e* 斜嘴钳

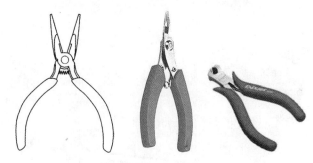

f 带弹簧手柄的钟表钳

20 扎线钳
扎线钳用于剪断中等直径的金属丝材。

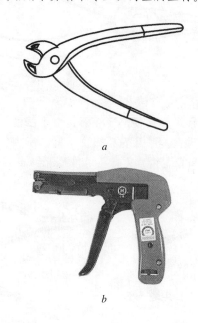

a

b

21 鞋工钳
鞋工钳用于制鞋和修鞋的专用工具。

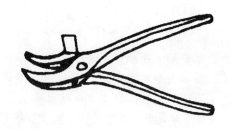

22 铆钉钳
铆钉钳用于安装小型铆钉的专用工具。

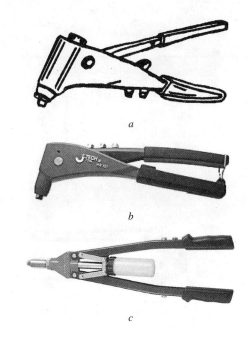

a

b

c

钳类工具 [2] 手工工具

23 旋转式打孔钳

旋转式打孔钳适用于在较薄的皮草、塑料等板件上打孔。

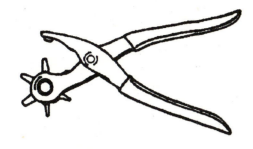

24 压线钳

压线钳是通过被称为"水晶头"的接线器压接导线的主要工具之一,在网线的制作过程中必不可少。压线钳不仅能压接导线,还具有剪线、剥线的功能。

a AN型棘轮式端子压线钳

b 电脑排线压线钳

c 绝缘端子压线钳

d 裸端子专业压线钳

e 迷你型自调式压线钳

f 欧式端子压线钳

g 省力型棘轮压线钳

h 通用压线钳

手工工具 [2] 扳手类工具

扳手类工具

扳手是一种利用杠杆原理，用于拧紧或旋松螺栓、螺母等螺纹紧固件的装卸的手工工具。扳手通常由碳素结构钢或合金结构钢制成。它的一头或两头锻压成凹形开口或套圈，开口和套圈的大小随螺母对边尺寸而定；扳手头部应满足规定的硬度，中间及手柄部分则具有一定弹性。使用时沿螺纹旋转方向在柄部施加外力，就能拧转螺栓或螺母。当扳手超负荷使用时，会在突然断裂之前先出现柄部弯曲变形。

常用的扳手有呆扳手、活动扳手、梅花扳手、两用扳手、套筒扳手、内六角扳手和扭力扳手等。相对于活扳手而言，开口宽度不可调节的属呆扳手。

1 双头扳手

双头扳手属呆扳手，用于紧固或拆卸六角头或方头螺栓。由于两端开口宽度不同，每把扳手可适用两种规格的六角头或方头螺栓。开口宽度的规格标注于手柄的相应位置。

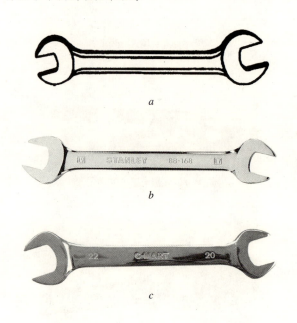

3 双头梅花扳手

双头梅花扳手承受扭矩大，使用安全，适用于地方较狭小、位于凹处且不能容纳双头扳手的工作场合，分为 A 型（矮颈）、G 型（高颈）、Z 型（直颈）及 W 型 15°（弯颈）等 4 种。

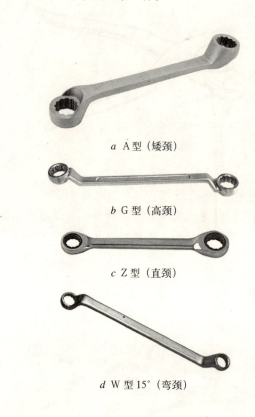

a A 型（矮颈）
b G 型（高颈）
c Z 型（直颈）
d W 型 15°（弯颈）

4 单头梅花扳手

单头梅花扳手，与单头扳手相似，适用于六角头螺栓（螺母）。特点是承受扭矩大，使用安全，特别适用于空间狭小、位于凹处、不能容纳呆扳手的工作场合。

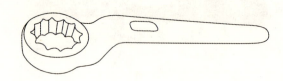

2 单头扳手

单头扳手也属呆扳手，用于紧固或拆卸一种规格的六角头或方头螺栓（螺母）。

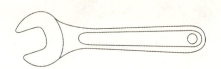

5 敲击呆扳手

敲击呆扳手用于紧固或拆卸一种规格的六角头及方头螺栓、螺母和螺钉，可通过锤子敲击施力。

6 敲击梅花扳手

敲击梅花扳手用于紧固或拆卸一种规格的六角头螺栓、螺母和螺钉，可以通过锤子敲击施力。

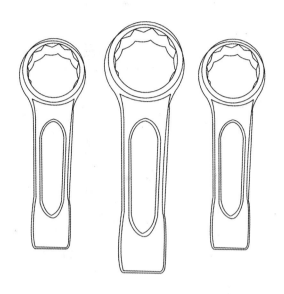

7 两用扳手

两用扳手一端与单头呆扳手相同，另一端与梅花扳手相同，两端适用相同规格的螺栓或螺母（图 *a*），为适应在狭小空间工作的需要，也有的将一端做成十字接头的形式（图 *b*）。

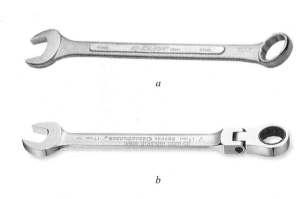

8 套筒扳手

套筒扳手分手动和机动（电动、气动）两种，其中手动套筒扳手应用较广。此类工具由各种套筒（头）、传动附件和连接件组成，除具有一般扳手紧固或拆卸六角头螺栓、螺母的功能外，还特别适用于工作空间狭小和深凹的场合。一般以成套（盒）形式供应（图 *a*、图 *b*、图 *c*、图 *d*、图 *e*）。

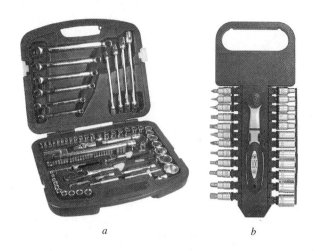

a   *b*

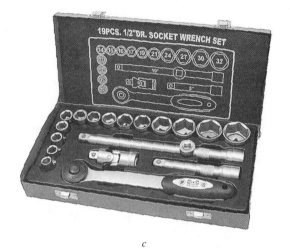

c

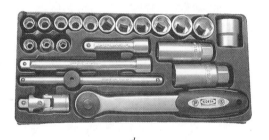

d

e

9 十字柄、星形柄套筒扳手

十字柄套筒扳手（图 *a*）用于装配汽车等车辆轮胎上的六角头螺栓（螺母）。每一型号套筒扳手上有4个不同规格套筒，也可以用一个传动方榫代替其中一个套筒；另有一种星形柄的套筒扳手如图 *b* 所示。

手工工具 [2]　扳手类工具

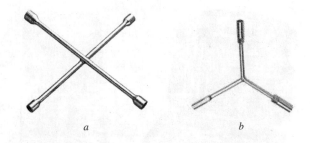

a　　　　　　b

10 活扳手

活扳手开口宽度可以调节，用于装拆一定尺寸范围内的六角头或方头螺栓、螺母。

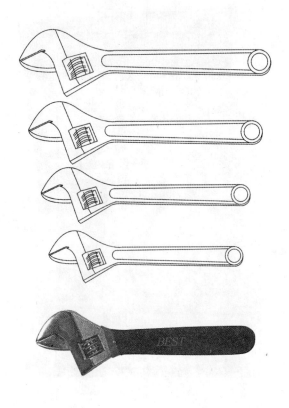

11 调节扳手

调节扳手功能与活扳手相似，但其开口宽度在扳动时可自动适应相应尺寸的六角头或方头螺栓、螺钉和螺母。

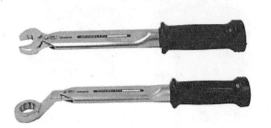

12 内六角扳手

内六角扳手用于紧固或拆卸内六角螺钉，可扳拧性能等级为 8.8 级和 12.9 级的内六角螺钉。扳手按性能等级分为普通级和增强级（增强级代号为 R）。其规格以六角对边距离（s）表示。一般成套供应。

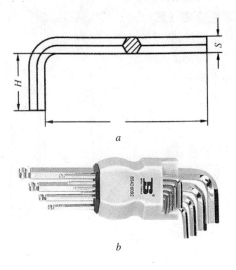

a

b

13 内六角花形扳手

内六角花形扳手用途与内六角扳手相似，用于扳拧性能等级为 8.8 级和 12.9 级的内六角花形螺钉。

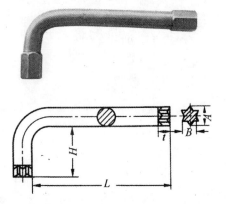

14 钩形扳手

钩形扳手专供紧固或拆卸机床、车辆、机械设备上的圆螺母用。

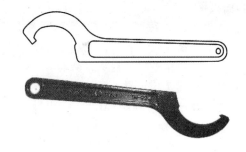

15 扭力扳手

扭力扳手配合套筒扳手套筒紧固六角螺栓、螺母用，在扭紧时可表示出扭矩数值。凡是对螺栓、螺母的扭矩有明确规定的装配工作（如汽车、拖拉机等的汽缸装配），都要使用这种扳手。扭力扳手分为指示式（图 a）和预置式（图 b）。预置式扭力扳手可事先设定（预设）扭矩值，操作时，施加的扭矩超过设定值，扳手即产生打滑现象，保证螺栓（母）上承受的扭矩不超过设定值。图 c 为液晶显示扭矩值的扭力扳手。

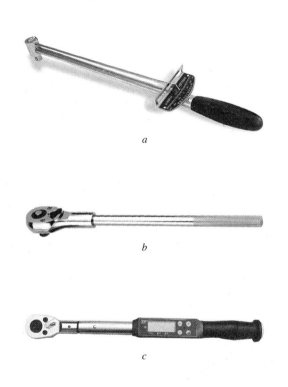

16 双向棘轮扭力扳手

双向棘轮扭力扳手头部为棘轮，拨动旋向板可选择正向或反向操作，力矩值由指针指示。扭力扳手是检测紧固件拧紧力矩的手动工具。

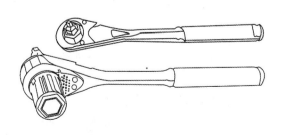

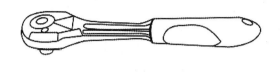

17 增力扳手

增力扳手配合扭力扳手、棘轮扳手或套筒扳手套筒，紧固或拆卸六角头螺栓、螺母。施加正常的力，通过机构可输出数倍到数十倍的力矩。在缺乏动力源的情况下，常用于汽车、船舶、铁路、桥梁、石油、化工、电力等工程中的手工安装和拆卸大型螺栓、螺母。

a

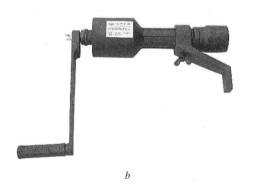

b

c

手工工具 [2] 旋具类工具

旋具类工具

螺钉旋具是一种用以拧紧或旋松各种尺寸的槽形机用螺钉、木螺钉以及自攻螺钉的手工工具，又称螺丝刀、旋凿、改锥。它的主体是韧性的钢制圆杆（旋杆），其一端装配有便于握持的手柄，另一端镦锻成扁平形或十字尖形的刀口，以与螺钉的顶槽相啮合，施加扭力于手柄便可使螺钉转动。旋杆的刀口部分经过淬硬处理，耐磨性强。常见的螺钉旋具有75mm、100mm、150mm、300mm等长度规格，旋杆的直径和长度与刀口的厚薄和宽度成正比。手柄的材料为直纹木料、塑料或金属。螺钉旋具一般按旋杆顶端的刀口形状分为一字型、十字型、六角型和花型等数种，分别旋拧带有相应螺钉头的螺纹紧固件。其中以一字型和十字型最为常用。

各种刀口形状的螺钉旋具可以组合在一起，成为多用途螺钉旋具。它可按组合方式分为三种。第一种多用途螺钉旋具的旋杆顶端的内六角头上，可分别插入各种规格的一字型、十字型、六角型等旋具头；手柄是空心的，可以装入上述工作附件。第二种多用途螺钉旋具由一个带有卡口的手柄和几种规格的一字型和十字型旋杆、铰孔旋杆以及钢钻、测电笔等组成。旋松卡口即可调换上述工作配件。第三种多用途螺钉旋具能自动旋转，其手柄部位装有棘轮和弹簧，控制套内配有定位钮，可在三处定位；当开关处于同旋位置时，其作用与一般普通的螺钉旋具相同，当开关处于顺旋位置或倒旋位置时，旋杆即可作连续的顺旋或倒旋。使用时，只要用手按压螺钉旋具，旋杆就会很快地带动螺钉旋动。这种螺钉旋具的工作效率很高，适宜于长时间的操作使用，如用于流水作业中的装配等。

1 一字型螺钉旋具

一字型螺钉旋具主要用于紧固或拆卸一字槽螺钉，较为常见的手柄有木柄和塑料柄。按结构方式划分，一字型螺钉旋具分普通式和穿心式两类，穿心式能承受较大的扭矩，并可在尾部用手锤敲击。

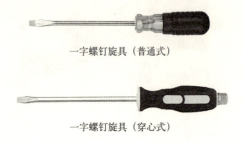

一字螺钉旋具（普通式）

一字螺钉旋具（穿心式）

2 十字型螺钉旋具

十字型螺钉旋具主要用于紧固或拆卸十字槽螺钉，较为常见的手柄有木柄和塑柄。按结构方式，十字型螺钉旋具同样可分普通式和穿心式两种。

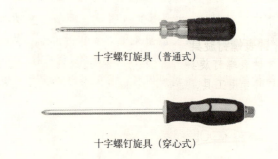

十字螺钉旋具（普通式）

十字螺钉旋具（穿心式）

3 夹柄螺钉旋具

夹柄螺钉旋具主要用于紧固或拆卸一字槽螺钉，并可在尾部敲击，但禁止用于有电的场合。

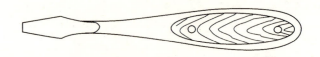

4 多用螺钉旋具

多用螺钉旋具主要用于紧固或拆卸带槽钉、木螺钉以及钻木螺钉孔眼，也可作测电笔用。

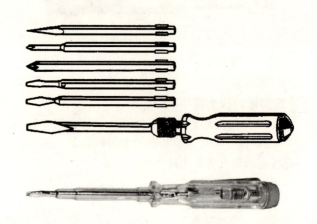

5 自动螺钉旋具

自动螺钉旋具能旋动头部带槽的螺钉、木螺钉和自攻螺钉。较为常见的自动螺钉旋具有三种工作模式，通过开关进行调节：将开关拨到固定位置时，作用与一般螺钉旋具相同；将开关拨到顺旋或倒旋位置时，压迫柄的顶部，旋杆可连续顺旋或倒旋，操作强度轻，效率高。

旋具类工具·手锤、斧头、冲子类工具　[2] 手工工具

自动螺钉旋具

6 钟表螺钉旋具

钟表螺钉旋具为钟表、珠宝行业，装、拆带槽螺钉的专用工具，通常为系列套装。

手锤、斧头、冲子类工具

锤是用于敲击或锤打物体的手工工具。锤由锤头和握持手柄两部分组成。

锤头材质有钢、铜、铅、塑料、木头、橡胶等，结构有实心固定式、锤击面可换式和填弹式。实心固定式锤头使用最广；锤击面可换式锤头的两个敲击面可卸可换，可以换配各种材质和硬度的锤击面；填弹式锤头内装有钢丸或铅粒，使用时可消除反弹，又称无反弹锤，反弹的消除可显著地降低操作者的疲劳感。钢锤锤头的一端或两端的锤击面均经过充分的热处理，具有很强的坚硬性；中段一般不经热处理，具有良好的弹韧性，在锤击过程中能起缓冲作用以防止锤头爆裂。锤头的中心处开有孔洞，以便安装手柄。

手柄有木柄、钢柄和以玻璃纤维制作的塑料柄等。木柄多用胡桃木、槐木等硬质木材制成，弹韧性好，但易受气候影响，伸缩性大，逐渐为后两种材质的锤柄所取代。

锤的使用极为普遍，形式、规格很多。常见的有圆头锤、羊角锤、斩口锤和什锦锤等。

1 圆头锤

圆头锤又称奶子锤，是冷加工时使用最广的一种手锤。它的一端呈圆球状，通常用来敲击铆钉；另一端为圆柱平面，用于一般锤击。

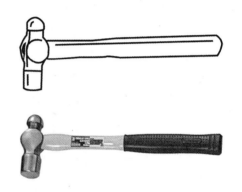

2 羊角锤

羊角锤，木工专用的手锤，除可用于敲击普遍非淬硬的铁钉外，还可通过另一端的羊角状双爪卡紧并起拔铁钉。羊角锤也常用于撬裂、拆毁木制构件。

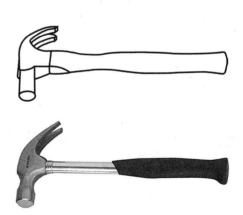

手工工具 [2]　手锤、斧头、冲子类工具

3 斩口锤

斩口锤，主要用于敲击凹凸不平、薄而宽的金属工件，使之表面平整。其斩口还用以敲制翻边或使金属薄件作纵向或横向的延伸。

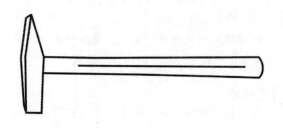

4 什锦锤

什锦锤是一种以锤为主的多用途维修工具。它为羊角锤头，配备有一字和十字螺钉旋具、平口凿、三角锉等附件，并放在钢制的空心手柄内。手柄的一端有一个螺钉，以固定或调换附件。

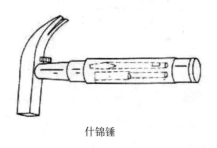

什锦锤

5 斧头

斧头又称斧子，是一种砍削工具，它将相当厚重的开刃金属劈安装在柄上，刃口与柄平行，以便砍削，专用于伐木、劈木柴和砍削木料；此外有用于建筑的专用斧，也有在消防救火时专用的消防斧。不同种类的斧头根据砍削功能的需要，可做成不同的劈型（图 a、图 b）

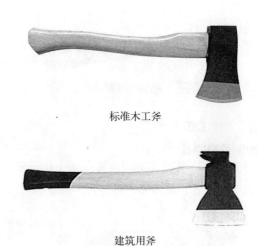

标准木工斧

建筑用斧

带绝缘手柄的消防斧

b

6 冲子

用金属做成的一种打眼器具——亦称"锐子"，尖冲子用于在金属材料上冲凹坑；圆冲子在装配中使用；半圆头铆钉冲子用于冲击铆钉头；四方冲子、六方冲子用于冲内四方孔；皮带冲是在非金属材料（如皮革、纸、橡胶板、石棉板等）上冲制圆形孔的工具。

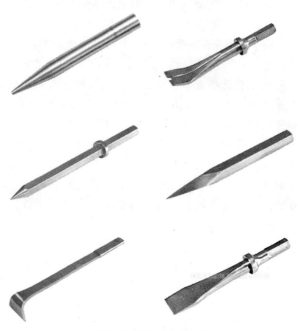

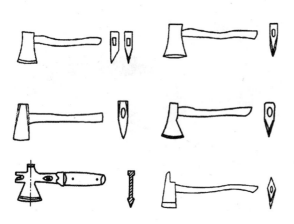

a 不同种类的斧头与劈型

几种不同用途的金属冲子

虎钳类 [3] 钳工工具

早期的各种金属制品是由当时的铁匠（类似现在的铸工和锻工）、铜匠（类似现在的钳工）、铁皮匠（类似现在的钣金工）等匠人来制作的。随着社会和科技的进步，金属加工技术也不断发展，并在工艺上出现了新的分工。到了14世纪和15世纪，钳工工艺便成为一个专门的工种。由于该工种的操作主要是在虎钳上用手工工具进行，因此叫钳工。开始钳工只能用手工制造一些较简单的金属制品，如锁、环之类，如今已能够制造机器零件和装配机器，成为现代制造业中一个重要的工种。钳工工具主要是一些对金属表面进行切削加工的手持工具，在加工过程中还要利用台虎钳、钻床、测量工具等工具去完成目前机械加工所不能完成的工作。通过钳工工具完成的具体操作包括零件测量、划线、錾削、锉削、锯割、钻孔、扩孔、铰孔、攻丝与套丝、矫直与弯曲、铆接、刮削、研磨、镀锡与锡焊、轴承合金浇铸、简单热处理（淬火）、钣金下料（薄板）等。

钳工操作多数是靠手工来完成的，有时也用机械。而该工种的工作范围主要有三个方面：第一，加工机器所不能加工的表面，如机器内部不便机械加工表面、精度较高的样板、模具等；第二，进行机器的装配；第三，对机器或设备进行调试和维修。钳工工具按照该工种的工作范围和该类工具的使用方式可分为以下三类：1. 加工类钳工工具，包括锉、锯、凿、钳、钻、锥、刮刀等。2. 装配类钳工工具，包括扳手、锤等。3. 调试维修类钳工工具，包括扳手、量具等。

钳工的工作特点是灵活、机动、不受进刀方面位置的限制，即使现在各种先进设备也都离不开钳工。因此，设计钳工工具所要注意的问题包括工具的灵活性和易握性，要符合人体构造和生理要求，要让使用者易于发力和在一定范围内掌控操作精度，这也使得在工具的尺寸上具有特别要求，其因使用方式和使用环境的不同而异。当然钳工工具的重量一般应掌握在人力可以自由控制的范围内，不可以太重或太轻。

虎钳类

虎钳是利用螺杆或其他机构使两钳口作相对移动而夹持工件的工具，一般由底座、钳身、固定钳口和活动钳口，以及使活动钳口移动的传动机构组成。按使用的场合不同，有钳工虎钳和机用虎钳等类型，本章节着重介绍前者。钳工虎钳安装在钳工工作台上，供钳工夹持工件以便进行锯、锉等加工。钳工虎钳一般钳口较高，呈拱形，钳身可在底座上任意转动并紧固。机用虎钳是一种机床附件，又称平口钳，一般安装在铣床、钻床、牛头刨床和平面磨床等机床的工作台上使用。

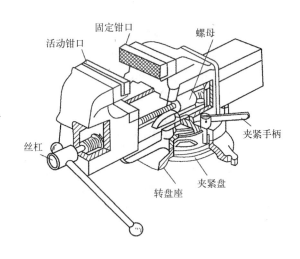

1 普通台虎钳

普通台虎钳（图a）可固定在钳工工作台上，用以夹紧加工工件。转盘式的台虎钳（图b）可以旋转，使工件旋转到合适的工作位置。

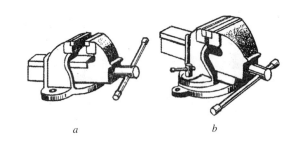

a　　　　*b*

2 多用台虎钳

多用台虎钳的钳口与一般台虎钳口相同，但其平钳口下部设有一对带圆弧装置的管钳口及V形钳口，用来夹持小直径的钢管、水管等圆柱形工件，使其在加工时不转动；在其固定钳体上端铸有铁砧面，便于对小工件进行锤击加工。

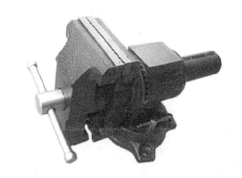

钳工工具 [3]　虎钳类·锉刀及扁铲类工具

3 桌虎钳

桌虎钳与台虎钳相似，但钳体安装方便，适用于夹持小型工件。

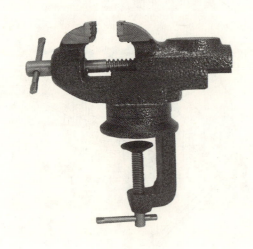

4 手虎钳

手虎钳，夹持轻巧工件以便进行加工的一种手持工具。

锉刀及扁铲类工具

锉刀是一种通过往复摩擦而锉削、修整或磨光物体表面的手工工具，由表面剁有齿纹的钢制锉身和锉柄两部分组成。大规格钢锉（又称钳工锉）的锉柄上还配有木制手柄。锉身的外部形状呈长条形，其截面主要有扁平形、圆形、半圆形、方形和三角形5种，可适应各种表面形状工件的加工需要。特殊用途的锉刀还可制成各种特殊的外形。锉刀的钢制锉身工作面上，沿轴线方向有规律地剁有无数条锋利的刃口纹路。按锉齿排列的疏密程度，锉刀可分成粗齿锉、中齿锉和细齿锉3类。而齿纹特别细密的俗称油光锉，用于修整要求表面精细光洁的工件。按加工对象，锉刀又可分为单纹锉和双纹锉。单纹锉刀工作面上的锉纹呈斜向平行排列或沿中线对角排列，常用于锉削五金材料和木质材料；双纹锉刀工作面上的锉齿交叉排列，且齿尖一般向前倾斜一定角度，故而锉刀只在一个方向有锉削功能。

锉刀一般用碳素工具钢制造，其含碳量很高，比较脆硬。制造锉刀时，先将钢材轧制成各种形状的锉坯，退火后在锉坯上剁齿。剁好齿的锉刀经过热处理，达到所需硬度后方能使用。

较为常见的锉刀有钳工锉、整形锉、异形锉、钟表锉、锯锉和软材料锉等。

钳工锉主要用于钳工装修时的手工锉削。一般规格较大，通用性也强。特别适于锉削或修整较大金属工件的平面以及孔槽表面。

整形锉又称什锦锉，常用于锉削小而精密的金属工件，如样板、量具、模具等。整形锉的锉身长度不超过100mm。根据加工用途的需要，一般将同样长度而形状各异的整形锉组配成套。除普通整形锉外，还有一种金刚石整形锉。它的表面没有剁纹，而是在钢制锉坯体的表面嵌有无数金刚石微粒，用以代替锉齿。金刚石整形锉的刃口特别坚硬锋利，往返行程均为有效切削行程（一般剁齿钢锉来回锉削时只有一次有效行程），而且不易发生锉屑嵌堵现象。它专门用于加工用合金钢、工具钢等硬度很高的金属材料制造的工夹具、模具和刀具等。

异形锉主要用于锉削修整表面形状极为复杂的模具型腔一类的工件。异形锉的工作头部比较奇特，截面形状比较复杂，有单头和双头两种。

钟表锉专用于锉削加工钟表一类精细工件，锉齿较细密。

锯锉专用于锉锐木工锯和伐木锯锯齿。使用最多的是三角锯锉和菱形锉。小规格的菱形锉也可以在截断玻璃棍棒时用来锉划线痕。

软材料锉用于锉削铅、锡以及其他软金属制品的表面，也可锉削塑料、木材、橡胶等非金属。软材料锉的锉纹均为弧形单纹，锉刀向前的倾角很大，因而锉削量很大。这类锉还包括木工专用的木锉和鞋匠专用的橡胶锉等。

1 普通钳工锉刀

普通钳工锉刀主要用于锉削或修整金属工件的表面、边角、凹槽及内孔。图 a 所示为数种截面形状和规格的钳工锉刀，图 b 是带手柄的产品。

锉刀及扁铲类工具 [3] 钳工工具

规格	▭	△	◠	◯
150mm	CT-9216A	CT-9217A	CT-9218A	CT-9219A
200mm	CT-9216B	CT-9217B	CT-9218B	CT-9219B
250mm	CT-9216C	CT-9217C	CT-9218C	CT-9219C

a

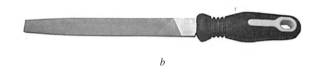

b

2 整形锉

整形锉,锉削小而精细的金属零件,为制造磨具、工夹具时的必需工具。

a

b

在整形锉中有一种电镀金刚石整形锉,它是将金刚石的细小颗粒电镀于整形锉上的特殊整形锉,适用于锉削硬度较高的金属,如硬质合金,经过淬火或渗氮的工具钢、合金钢刀具、模具和工夹具等,工作效率较高。一般成套供应,也有单件出售。

平头扁锉 (CP1)	尖头半圆锉 (CJ1)	尖头方锉 (CJ2)	尖头等边三角锉 (CJ3)	尖头圆锉 (CJ4)
尖头双圆边扁锉 (CJ5)	尖头刀形锉 (CJ6)	尖头三角锉 (CJ7)	尖头双圆锉 (CJ8)	尖头椭圆锉 (CJ9)

3 刀锉、锯锉

刀锉用于锉削或修整金属工件上的凹槽,小规格锉也可适用于修磨刀具,修整木工锯条、横锯等的锯齿。

锯锉是专供锉修各种木工锯锯齿的工具。

尖头三角锉

齐头三角锯锉

尖头三角

齐头扁锯锉

尖头扁锯锉

菱形锯锉

钳工工具 [3] 锉刀及扁铲类工具·钢锯及锯条类工具

4 软材料锉

软材料锉包括锡锉、铝锉等。锡锉（图a、图b）用于锉削或修整锡制品或其他软性金属制品的表面，铝锉（图c）用于锉削、修整铝、铜等软性金属或塑料、木材制品的表面。

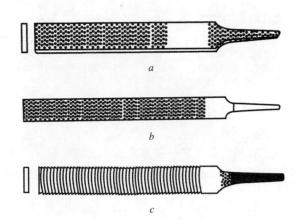

5 异形锉

异形锉用于机械、电器、仪表等行业中修整、加工普通形锉刀难以锉削、而且几何形状较复杂的金属表面。

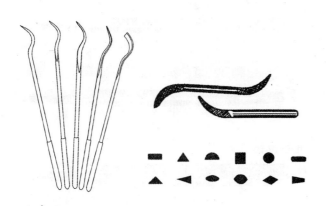

6 钟表整形锉

钟表整形锉用于锉削钟表、仪表零件和其他精密细小的机件。根据加工表面的形状，钟表整形锉有多种不同截面。

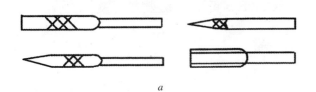

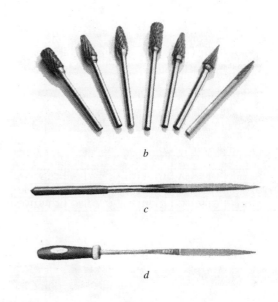

7 扁铲

扁铲是钳工常用的铲形切削工具，主要用于剔除工件上的毛刺、飞边，有时也用来在工件或毛坯上打中心眼、做记号等。其铲口坚硬，使用时手持扁铲，对准加工部位，用锤击打扁铲的端部。

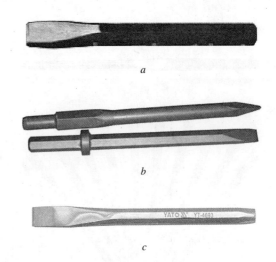

钢锯及锯条类工具

钢锯是一种用于割断物体的手钳工具。其切割部分为带有齿状缺口的薄形钢带锯条或圆盘锯片，它们固定在特定框架上。钢带的一边或两边、圆盘的周边上开有连续的锋利锯齿，齿与齿之间留有齿槽空隙，以供排除切屑之用。将锯条或锯片安装在钢锯架或锯床上，通过往复运动即可将坚硬的物体切割成所需规格和形状。锯条和锯片的材质是碳素结构钢或高速钢。锯的应用范围很广，除可锯切钢铁、木材之外，配上相应材质的锯条后，还可以切割塑料、水泥板、玻璃等。

钢锯及锯条类工具·手钻类工具　[3] 钳工工具

按切割对象，锯条一般可分为全硬型（机用或手用）和挠性型（手用）两种。全硬型锯条适宜锯切硬质钢材或坚硬粗大的截面，挠性型锯条适合锯切质地较软且带有韧性的或者是断面细小的物体，如铜质或锡质的管形物体及五金制品。

为了防止锯条在锯切过程中受夹，一般将锯齿从锯条的两侧面拔成一定角度，使锯切的缝隙宽于锯条的厚度，以提供排除锯屑的间隙。锯切硬度较高的材料要选用齿数细密的锯条，而锯割质地松软的材料则使用齿数稀小的锯条，这样锯齿不易堵塞，且锯切量很大。

锯条、锯片一般要安装上手柄或锯架，加以固定后方能使用。最常用的锯架由带手柄的活动或固定框架、方销和蝶形螺母等组成。蝶形螺母用于紧固和调节锯条。活动式钢锯架是一种可以伸缩的锯架，它可以安装不同长度的锯条。

1 钢锯架

钢锯架，装置手用钢锯条，用于手工锯割金属材料等。可分为钢板制和钢管制两种锯架，每种又分为调节式（图 a）和固定式（图 b）两种形式。

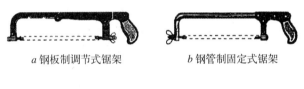

a 钢板制调节式锯架　　b 钢管制固定式锯架

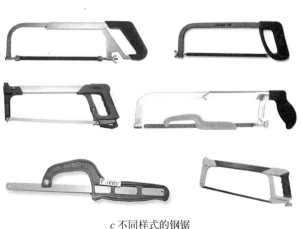

c 不同样式的钢锯

2 手用钢锯条

手用钢锯条装在钢锯架上，用于手工锯割金属材料。双面齿形钢锯条在一面锯齿出现磨损情况后，另一面锯齿可以继续工作。挠性型钢锯条在工作中不易折断。小齿距（细齿）钢锯条上多采用波浪形锯路。

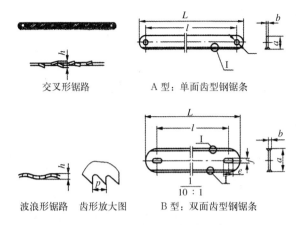

交叉形锯路　　A 型：单面齿型钢锯条

波浪形锯路　齿形放大图　B 型：双面齿型钢锯条

手用钢锯条种类及锯齿

3 机用钢锯条

机用钢锯条是装在机锯床上用来锯切金属等材料用的刀具。

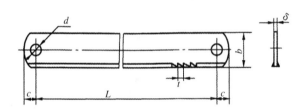

手钻类工具

手钻是用人力和手工钻具钻孔的工具。在电钻尚未发明之前，孔的加工最初只能依靠手钻完成，现在一般只在无法用钻床或手电钻钻孔时才使用。

1 手扳钻

手扳钻，在工程当中无法使用钻床或电钻时，就用手扳钻来进行钻孔或攻制内螺纹或铰制圆（锥）孔。

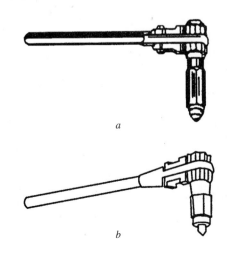

a

b

钳工工具 [3] 手钻类工具·划线工具

2 手摇钻

手摇钻，装夹圆柱柄钻头后，在金属或其他材料上手摇钻孔。其结构如图所示，摇动手柄通过一圆盘伞齿轮与小伞齿轮啮合，驱动钻头转动钻孔；进给运动由人手施压或由胸部施压形成。手摇钻可分为手持式（图a）和胸压式摇钻（图b）两种。

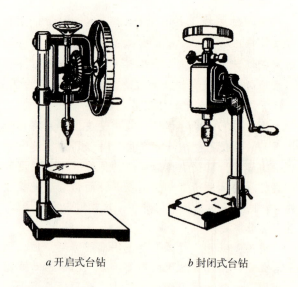

a 开启式台钻　　　b 封闭式台钻

a 手持式摇钻

b 胸压式摇钻

3 手摇台钻

手摇台钻主要用于在金属工件上钻孔，可分为开启式和封闭式两种。

划线工具

根据图样和技术要求，在毛坯或半成品上用划线工具画出加工界线，或划出作为基准的点、线的操作过程称为划线。划线是机械加工中的重要工序之一，广泛用于单件或小批量生产之中。划线分为平面划线和立体划线两种。只需要在工件一个表面上划线后即能明确表明加工界限的，称之为平面划线；需要在工件几个互成不同角度（一般式互相垂直）的表面上划线，才能明确表明加工界限的，称为立体划线。对划线的基本要求是线条清晰匀称，定型、定位尺寸准确。应当注意，工件的加工精度不能完全由划线确定，而应该在加工过程中通过测量来保证。

划线的主要作用表现在以下四方面：

1. 确定工件的加工余量，使加工有明显的尺寸界限。

2. 为便于复杂工件在机床上的装夹，可按划线找正确定位。

3. 能及时发现和处理不合格的毛坯。

4. 当毛坯误差不大时，可以采用借料划线的方法来补救，从而提高毛坯的合格率。

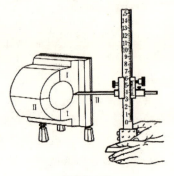

划线的方法

划线工具 [3] 钳工工具

常用的划线工具有划线规、划线盘、千斤顶、平行垫铁、方箱、V形架、直角铁、C形夹头、斜楔、垫铁等。限于篇幅，这里只介绍前三种。

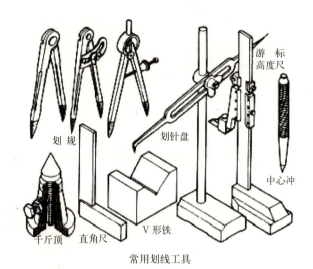

常用划线工具

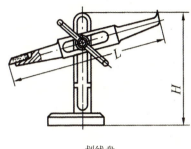

划线盘

1 划线规

划线规用于划圆或圆弧、分角度、排眼等。

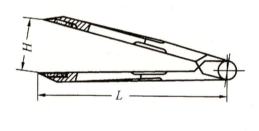

3 千斤顶

千斤顶用以顶起较大工件并调整工件的高度和水平。调整工件高度时，须转动其顶尖与基座之间的螺旋。

油压千斤顶

分离式千斤顶

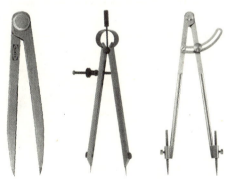

几种不同形式的划线规

立式双节千斤顶

卧式千斤顶

液压千斤顶

2 划线盘

划线盘用于在工件上划平行线、垂直线、水平线及在平板上定位和校准工件。

爪式千斤顶

螺旋式千斤顶

21

管工及热工工具 [4]　管工工具

管工工具

管工工具是在水电装修及机械维修加工工作中，对金属、塑料等各种管子进行加工的工具。包括管子台虎钳、水泵钳、管子钳、管子扳手、管子割刀、胀管器等。

1 管子台虎钳

管子台虎钳安装在工作台上，用以夹紧管子供攻制螺纹或锯、切割管子等，是管工的必备工具。

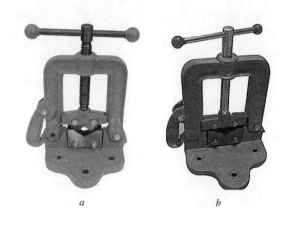

2 水泵钳

水泵钳的类型有滑动销轴式、榫槽叠置式和钳腮套入式三种（图a），用于夹持、旋拧圆柱形管件。钳口有齿纹，开口宽度有 3～10 挡调节位置，可以夹持尺寸较大的零件，主要用于水管、燃气管道的安装、维修工程以及各类机械维修工作。

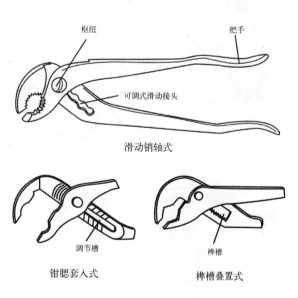

a 三种类型水泵钳的结构

b 滑动销轴式水泵钳

c 榫槽叠置式水泵钳

d 钳腮套入式水泵钳

3 管子钳

管子钳是用来夹持及旋转钢管、水管、燃气管等各类圆形工件用的手工具。按其承载能力分为重级（用 Z 表示）、普通级（用 P 表示）、轻级（用 Q 表示）三个等级，按其钳柄材料不同分为铸柄、锻柄、铝合金柄等多种形式。铝合金钳柄用铝合金铸造，重量比普通管子钳轻，不易生锈，使用轻便。

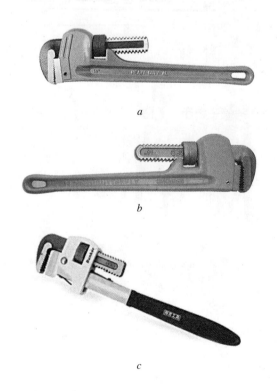

管工工具 [4] 管工及热工工具

d

4 自紧式管子钳

自紧式管子钳，钳柄顶端有渐开线钳口，钳口工作面均为锯齿形，以利夹紧管子；工作时可以自动夹紧不同直径的管子，夹管时三点受力，可不作任何调节。

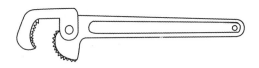

5 快速管子扳手

快速管子钳扳手用于紧固或拆卸小型金属和其他圆柱形零件，也可作扳手使用，是管路安装和修理工作常用工具。

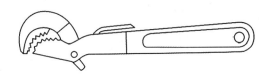

6 链条管子扳手

链条管子扳手用于紧固或拆卸较大金属管或圆柱形零件。

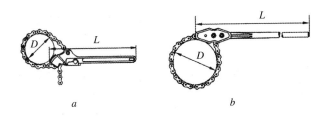

a　　　*b*

7 管子割刀

管子割刀是切割各种金属管、软金属管及硬塑管的刀具，刀体用可锻铸和锌铝合金制造，结构坚固。割刀轮刀片用合金钢制造，锋利耐磨，切口整齐。

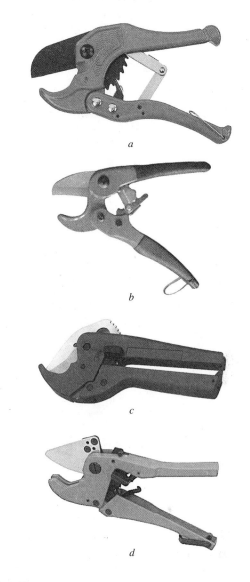

a

b

c

d

8 胀管器

制造、维修锅炉时，胀管器用来扩大钢管端部的内外径，使钢管端部与锅炉管板接触部位紧密涨合，不致漏水、漏气。一般分为两类：直通式胀管器和翻边式胀管器，翻边式涨管器在胀管同时还可以对钢管端部进行翻边。

a 直通式胀管器　　*b* 翻边式胀管器

管工及热工工具 [4] 管工工具·热工工具

9 手动弯管机

手动弯管机是依靠人力手动将金属管冷弯成一定弧度的简易工具，弯管时不需要加热灌砂，可一次弯曲成型。经弯曲的金属管圆弧较光滑、变形小。该机具有结构简单，操作、维修方便等特点，广泛使用于建筑、化工、水暖等行业。

a 手摇弯管机　　　　*b* 简易液压弯管机

10 管螺纹铰扳

管螺纹铰扳，用手工铰制低压流体输送用钢管上55°圆柱和圆锥管螺纹。

11 轻、小型管螺纹铰扳及板牙

轻、小型管螺纹铰扳及板牙是手工铰制水管、燃气管等管子外螺纹用的手工具，用于管道维修或安装工程。

12 电线管螺纹铰扳及板牙

电线管螺纹铰扳及板牙用于手工铰制电线套管上的外螺纹。

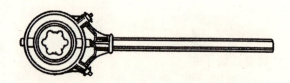

热工工具

热工工具是在机械加工中要对加工对象进行热处理加工的工具。

1 铁砧

铁砧，供锻工锻制工件用。

2 锻工锤

锻工锤又称手工锻锤，是手工锻造过程中用于锻打工件的重要工具。其锤头质量较大，锤柄较长。

热工工具 [4] 管工及热工工具

3 白铁剪

白铁剪用于剪切金属板材,也可用来剪切其他材料。

4 皮风箱

皮风箱通常分为脚踏式和手拿式两种。手拿式通常用来吹去各种机械、电动机等狭窄部分的灰尘,铸工也用来吹除砂模中的散砂。脚踏式可供酒精等燃料增压助燃用。

a 脚踏式皮风箱　　　　b 手拿式皮风箱

5 石墨坩埚

石墨坩埚由石墨制成,有一定强度,可用于熔炼紫铜、黄铜、金、银、锌、铅等,但不宜熔炼钢、镍及磁钢等。

6 电焊钳

电焊钳,用于夹持电焊条进行焊接的工具。

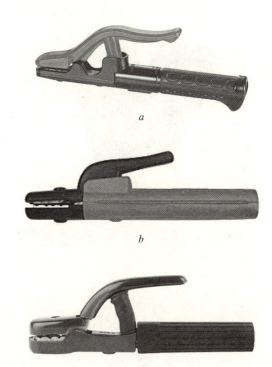

a

b

c

7 电焊面罩

电焊面罩用来保护电焊工人头部和眼睛,不受电弧的紫外线及飞溅熔珠的灼伤,分为手持式和头戴式。

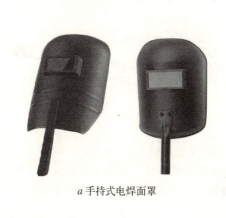

a 手持式电焊面罩

b 头戴式电焊面罩

管工及热工工具 [4] 热工工具

8 电焊手套
电焊手套,供焊工工作时戴在手上,起保护作用。

9 电焊脚套
电焊脚套,供焊工工作时盖在脚上作保护用。

10 对口钳
对口钳,在焊接钢管或钢板时,用来将焊接的钢管或钢板夹紧、对准以便进行焊接。

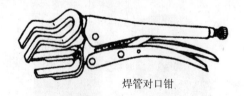

焊管对口钳

11 手动电焊坡口机
手动电焊坡口机可供用手工加工待焊接的钢管(或不锈钢管、铜管)的任何角度和形状的坡口。

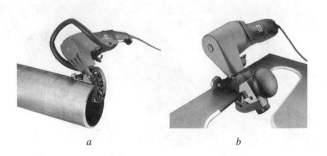

a　　　　　　b

12 射吸式焊炬
射吸式焊炬用于把氧气和乙炔混合成加热源,焊接黑色和有色金属。

13 射吸式焊割两用炬
射吸式焊割两用炬兼有射吸式焊炬和割炬的功能,既能焊接,又能熔切黑色金属。

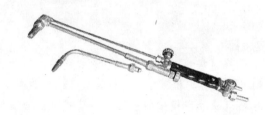

14 中压式焊炬
中压式焊炬利用氧气和中压乙炔作为热源,焊接或预热黑色金属或有色金属工件。

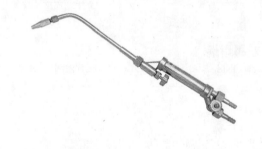

15 中压式焊割两用炬
中压式焊割两用炬利用氧气和中压乙炔作为热源,可以高压氧气作为切割氧流,作割炬用,也可取下割炬部件,换上焊炬部件,作焊炬用。

热工工具　[4] 管工及热工工具

16 乙炔发生器

乙炔发生器，放入电石（碳化钙）和水，可制取乙炔，供气焊和气割用。常见的有移动式和固定式两种。

a 移动式乙炔发生器　　b 固定式乙炔发生器

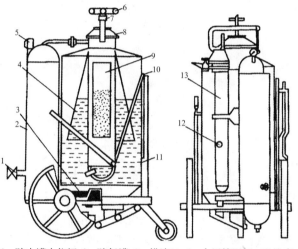

1—贮水罐水位阀　2—贮气罐　3—排渣口　4—内层筒圈　5—乙炔表
6—开盖手柄　7—压杯环　8—筒盖　9—电石篮　10—移位调节器
11—筒体　12—回火防止器水位阀　13—回火防止器

c 移动式乙炔发生器的部件图

17 气体减压器

气体减压器安装在气瓶（或管道）上，可以将气瓶（管道）内的高压气体调节成需要的低压气体，并使压力保持稳定，显示气瓶（管道）内和调节后的气体压力值。按适用气体，分氧气、乙炔、丙烷、二氧化碳、氩气、氢气等减压器。

18 氧气瓶

氧气瓶，贮存压缩氧气。

19 喷灯

喷灯广泛应用于焊接时加热烙铁，铸造时烘烤砂型，热处理时加热工件，以及清除钢铁结构上的废漆、腐锈、电缆头的脱铅皮和焊接封头等场合。

20 紫铜烙铁

紫铜烙铁是用锡铅钎料进行钎焊时的常用工具。使用时先将烙铁头加热到足以熔化钎料的温度，然后熔化钎料进行焊接。

电工工具 [5] 钳类工具

电工工具是用于电工日常工作的工具，包括钳类工具、电工刀、测电笔、电烙铁等。

钳类工具

1 紧线钳

紧线钳专供在架设各种类型的空中线路，以及用低碳钢丝包扎时收紧两线端，以便铰接或加置索具之用。

2 剥线钳

剥线钳供电工在不带电的条件下，剥离线芯直径 0.5 ~ 2.5mm 的各类电讯导线外部绝缘层。剥线钳的种类较多，分为可调式端面剥线钳、自动剥线钳、多功能剥线钳和压接剥线钳等。

c 压接剥线钳

d 多功能剥线钳

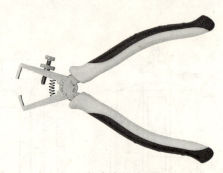

e 可调式端面剥线钳

3 冷轧线钳

冷轧线钳除具有一般钢丝钳的用途外，还可用来轧接电话线、小型导线的接头或封端。

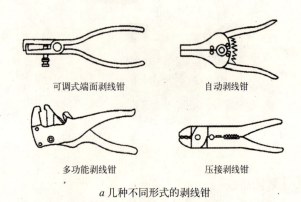

a 几种不同形式的剥线钳

4 冷压接钳

冷压接钳专供冷压连接铝、铜导线的接头与封端。

b 自动剥线钳

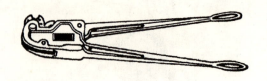

5 压线钳
压线钳用于冷轧压接或封端用。

6 顶剪钳
顶剪钳是剪切金属丝的工具，用于机械、电器的装配及维修工作。

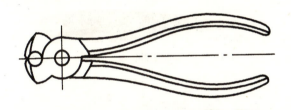

7 电缆剪
电缆剪用于切断铜、铝导线，电缆，钢绞线，钢丝绳等，保持断面基本呈圆形、不散开。

a

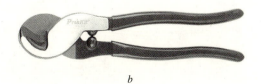

b

其他电工工具

1 电工刀
电工刀用于电工装修工作中割削电线绝缘层、绳索、木桩及软性金属。

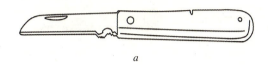

a

b

2 电烙铁
电烙铁用于电器元件、线路接头的锡焊，分外热式和内热式两种，均属外调温型。

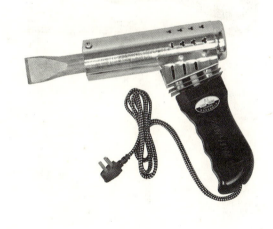

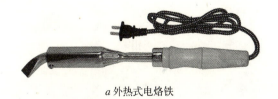

a 外热式电烙铁

电工工具 [5] 其他电工工具

3 测电器

用于普通市电电压下的测电器分高压（测电器）和低压（试电笔）两种，其接触电源部分触头都做成扁锥形，可兼作螺丝刀使用。

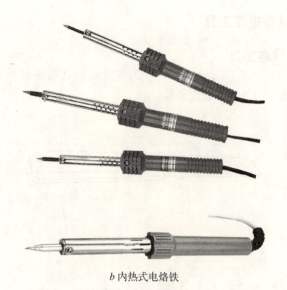

b 内热式电烙铁

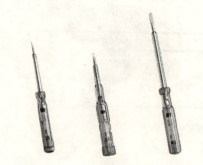

a 低压测电笔

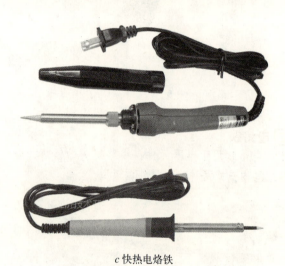

c 快热电烙铁

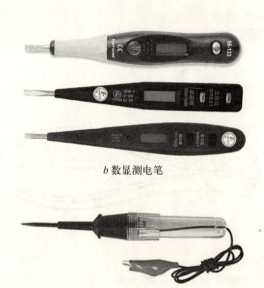

b 数显测电笔

c 高压测电器

木工工具　[6] 木工及园艺工具

木工工具

1 木工锯条

木工锯条一般装在木制工字形锯架上，手动锯割木材。

a 细齿型锯条

b 大齿型锯条

2 木工线锯

木工线锯由于锯条狭窄、锯割灵活，适用于对竹、木工件沿圆弧或曲线进行锯割。

3 钢丝锯

钢丝锯适用于锯割曲线或花样。

4 横锯

横锯装在木架上，由双人推拉锯割木材大料。

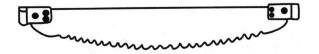

5 手板锯

手板锯适用于锯开或锯断较阔木材。

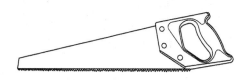

6 鸡尾锯

鸡尾锯因形状类似鸡尾而得名，用于锯割狭小的孔槽。

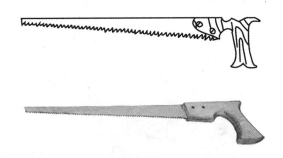

7 夹背锯

夹背锯锯片很薄，锯齿很细，用于贵重木材的锯割或在精细工件上锯割凹槽。

8 正锯器

正锯器，用于校正锯齿，使锯齿朝沿齿条长度方向向左右两面倾斜扩大锯路，利于锯削。

9 木工刨

木工刨由刨台、刨铁、刨刀、盖铁和楔木组成，可将木材的表面刨削平整光滑，有荒刨、中刨、细刨三种。另外还有开口刨、线刨、偏口刨、拉刨、槽刨、花边刨、外圆刨和内圆刨等类型。

木工及园艺工具 [6]　木工工具

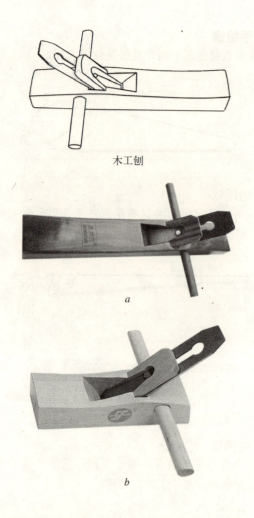

木工刀

a

b

11 绕刨刀
绕刨刀装于刨中，包削木材。

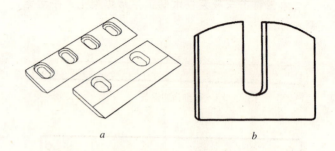

a　　　　　　　　　　*b*

12 木工凿
木工凿，木工在木料上凿制榫头、槽沟及打眼等用。

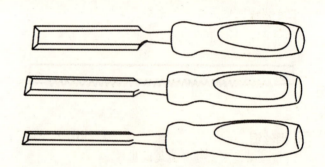

10 绕刨、木弯刨
绕刨是专供刨削曲面的竹木工件，有大号、小号两种，并按刨身分铸铁制和硬木制两种（图 *a*）。

木弯刨与绕刨类同，但更适用于细小曲面结构的精刨（图 *b*）。

13 木工锉
木工锉用以锉削或修整木制品的圆孔、槽眼及不规则的表面等。其截面有不同形状，以适应不同加工表面的需要。

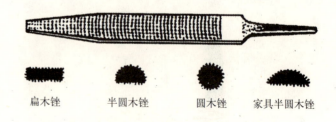

扁木锉　　半圆木锉　　圆木锉　　家具半圆木锉

a

b

14 木工钻
木工钻是对木材进行钻孔用的刀具，分长柄式与短柄式两种；按头部的形式又分有双刃木工钻与单刃木工钻两种。长柄木工钻要安装木棒当执手，用于手工操作；短柄木工钻柄尾是 1∶6 的方锥体，可以安装在弓摇钻或其他机械上进行操作。

木工工具·园艺工具　[6] 木工及园艺工具

17 木工夹

木工夹，是用于夹紧两板料及待粘结的构架的特殊工具。按其外形分为 F 形和 G 形两种。F 形夹专用夹持胶合板；G 形夹是多功能夹，可用来夹持各种工件。

长柄双刃木工钻

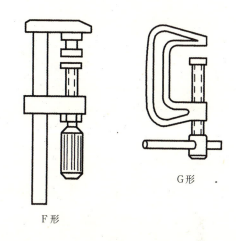

F 形　　G 形

短柄双刃木工钻　单刃木工钻　长柄单刃木工钻　三尖木工钻

不同种类的木工钻

15 弓摇钻

弓摇钻头部可装夹，供夹紧短柄木工钻，用以对木材、塑料等钻孔。

18 木工方凿钻

木工方凿钻用以在木工机床上加工木制品榫槽。加工时方凿和钻头一起向下运动，钻头转动钻出圆孔，方凿则将圆孔削成方形。

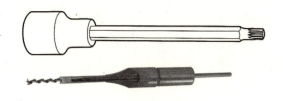

a 木工方凿钻

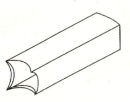

b 木工方凿钻方凿的形状

16 木工台虎钳

木工台虎钳装在工作台上，用以夹稳木制工件，进行锯、刨、锉等操作。钳口除可通过丝杆旋动移动外，还具有快速移动机构。

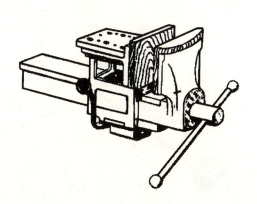

园艺工具

1 整篱剪

整篱剪用于修剪各种灌木、墙篱树、园艺花卉等。按剪刃形状分为直线型、曲线型、锯齿型三种。

33

木工及园艺工具 [6] 园艺工具

3 稀果剪
稀果剪用于各种果树稀果修剪、葡萄采摘及棉花整枝等。

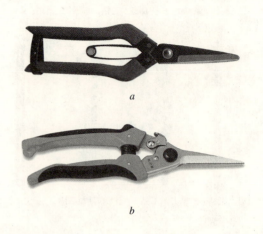

4 桑剪
桑剪分为桑枝剪和桑叶剪两类,用于修剪桑树、果树、茶树、柞蚕树等树枝、果叶。

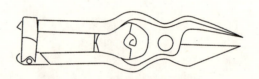

5 高枝剪
高枝剪用于修剪离地面较高的各种果树、街道树、采集树种等。其剪刀刃部带有锯齿,通过杠杆与拉线的作用,无需登高,即可锯切树木高处的枝条,提高工作效率。

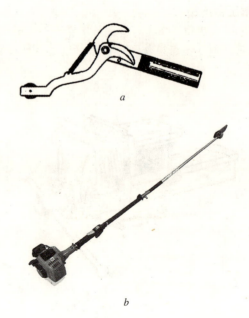

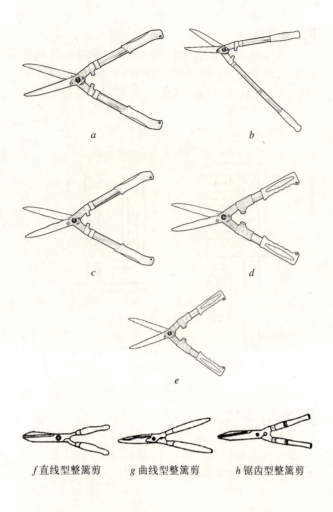

2 剪枝剪
剪枝剪,用于修剪各种果树、树林、葡萄枝、园艺花卉等。

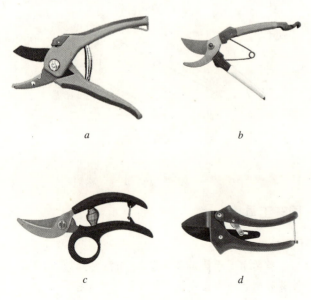

几种不同形式的剪枝剪

园艺工具 [6] 木工及园艺工具

6 手锯

手锯用以锯截各种果树、绿化乔木，也可作为一般木工锯割工具。按刃线分为直线型和弧线型，规格一般以锯长表示。

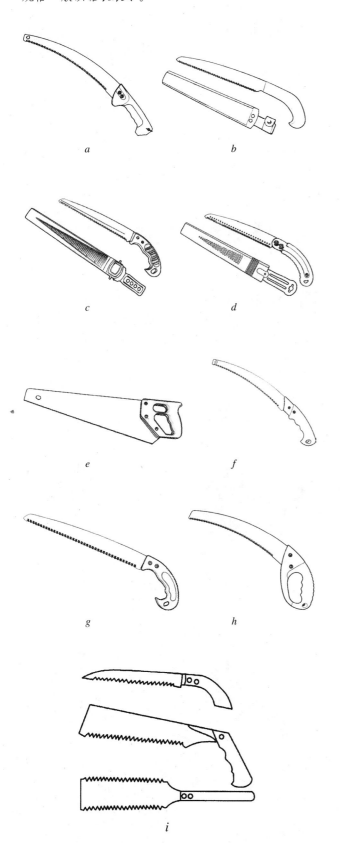

7 篾刀

篾刀，加工竹材用。可分为弯头式、平头式两种。弯头式用于劈削竹材，平头式用于劈制竹片、竹篾及修整表面。

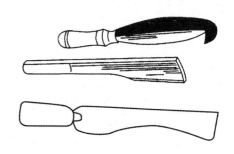

8 套装园艺工具

套装园艺工具专供种植、培育、嫁接和修整花草用，内装小铲、耙、剪刀等常用园艺小型工具。

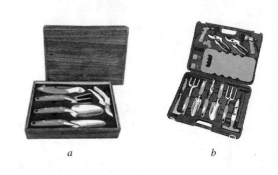

9 喷雾器

喷雾器专供农田、果林场、花园等场所喷施农药用。

测量工具 [7] 尺类工具

将被测长度与已知长度、角度、厚度等比较，从而得出测量结果的工具，简称测量工具。长度测量工具包括量规、量具和量仪。习惯上常把不能指示量值的测量工具称为量规；把能指示量值、拿在手中使用的测量工具称为量具；把能指示量值的座式和上置式等测量工具称为量仪。

最早在机械制造中使用的是一些机械式测量工具，例如角尺、卡钳等。16世纪，在火炮制造中已开始使用光滑量规。1772年和1805年，英国的J.瓦特和H.莫兹利等先后制造出利用螺纹副原理测长的瓦特千分尺和校准用测长机。19世纪中叶以后，先后出现了类似于现代机械式外径千分尺和游标卡尺的测量工具。19世纪末期，出现了成套量块。

继机械测量工具出现的是一批光学测量工具。19世纪末，出现立式测长仪，20世纪初，出现测长机。到20年代，已经在机械制造中应用投影仪、工具显微镜、光学测微仪等进行测量。1928年出现了气动量仪，它是一种适合在大批量生产中使用的测量工具。电学测量工具是30年代出现的。最初出现的是利用电感式长度传感器制成的界限量规和轮廓仪。50年代后期出现了以数字显示测量结果的坐标测量机。60年代中期，在机械制造中已应用带有电子计算机辅助测量的坐标测量机。至70年代初，又出现计算机数字控制的齿轮量仪，至此，测量工具进入应用电子计算机的阶段。

测量工具的分类方式有很多种，通常按用途分为通用测量工具、专类测量工具和专用测量工具3类。测量工具还可按工作原理分为机械、光学、气动、电动和光电等类型。这种分类方法是由测量工具的发展历史形成的，但一些现代测量工具已经发展成为同时采用精密机械、光、电等原理并与电子计算机技术相结合的测量工具，因此，这种分类方法仅适用于工作原理单一的测量工具。

本书采用如下常用的分类方法：

通用测量工具，可以测量多种类型工件的长度或角度的测量工具。这类测量工具的品种规格最多，使用也最广泛，有量块、角度量块、多面棱体、正弦规、卡尺、千分尺、百分表、多齿分度台、比较仪、激光干涉仪、工具显微镜、三坐标测量机等。

专类测量工具，用于测量某一类几何参数、形状和位置误差等的测量工具。它可分为：①直线度和平面度测量工具，常见的有直尺、平尺、平晶、水平仪、自准直仪等；②表面粗糙度测量工具，常见的有表面粗糙度样块、光切显微镜、干涉显微镜和表面粗糙度测量仪等；③圆度和圆柱度测量工具，有圆度仪、圆柱度测量仪等；④齿轮测量工具，常见的有齿轮综合检查仪、渐开线测量仪、周节测量仪、导程仪等；⑤螺纹测量工具等。

专用测量工具，仅适用于测量某特定工件的尺寸、表面粗糙度、形状和位置误差等的测量工具。常见的有自动检验机、自动分选机、单尺寸和多尺寸检验装置等。

尺类工具

1 钢直尺

钢直尺适用于测量长度较短的工件。

2 钢卷尺

钢卷尺是测量较长工件的尺寸或距离的常用工具。由于结构简单，使用、携带方便，常被设计成多种样式，有的钢卷尺上通过液晶屏显示尺寸，有的带有计算器，便于计算，还有的被做成卡通形状。一些小型产品还被作为广告礼品赠送。

尺类工具・卡钳类工具・卡尺类工具　[7] 测量工具

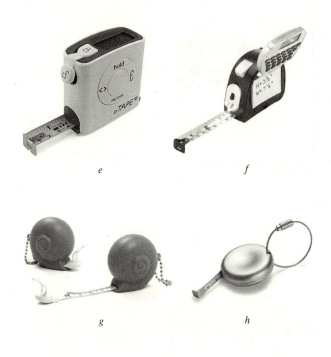

e　　　　　　　　*f*

g　　　　　　　*h*

3 皮尺

皮尺用于测量较长距离的尺寸、丈量土地等，精度不如钢卷尺。

4 木折尺

木折尺可分为为四折、六折、八折等，用以测量长度较短的工件。

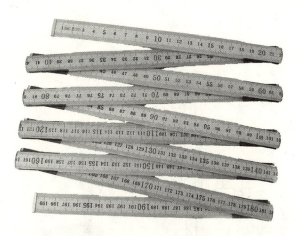

卡钳类工具

卡钳是用以测量圆环或圆筒的内径和外径的工具。测量时要注意测出的是直径而不是弦长。从圆筒或圆环上取下卡钳时不要用力，以免改变两脚尖的距离，然后用刻度尺测量两脚尖的距离。

1 内卡钳和外卡钳

内卡钳和外卡钳，与钢直尺配合使用，测量工件的内形尺寸（如内径、槽宽）或外形尺寸（如外径、厚度）等。

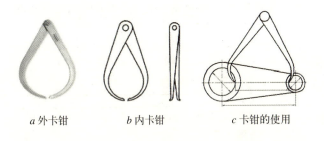

a 外卡钳　　　*b* 内卡钳　　　*c* 卡钳的使用

2 弹簧卡钳

弹簧卡钳与普通内外卡钳相同，但由于有弹簧力的作用，便于稳定地获取测量数据。

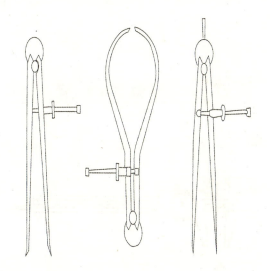

卡尺类工具

1 游标卡尺

游标卡尺能较精确地测量小型工件的内外尺寸（如内径、外径、高度、深度等）。

尺身和游标尺上面都有刻度。以准确到 0.1mm 的游标卡尺为例，尺身上的最小分度是 1mm，游标

测量工具 [7] 卡尺类工具

尺上有10个小的等分刻度，总长9mm，每一分度为0.9mm，比主尺上的最小分度相差0.1mm。量爪并拢时尺身和游标的零刻度线对齐，它们的第一条刻度线相差0.1mm，第二条刻度线相差0.2mm……第10条刻度线相差1mm，即游标的第10条刻度线恰好与主尺的9mm刻度线对齐。

当量爪间所量物体的线度为0.1mm时，游标尺应向右移动0.1mm。这时它的第一条刻度线恰好与尺身的1mm刻度线对齐。同样当游标的第五条刻度线跟尺身的5mm刻度线对齐时，说明两量爪之间有0.5mm的宽度……依此类推。

在测量大于1mm的长度时，整的毫米数要从游标"0"线与尺身相对的刻度线读出。

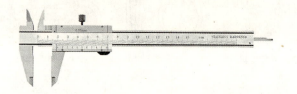

2 带表卡尺

带表卡尺用途同游标卡尺。带表卡尺分 I 型 II 型两种类型。I 型带有深度尺，用表盘指针直接读数，零位可任意调整。

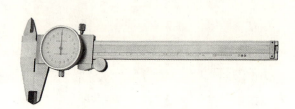

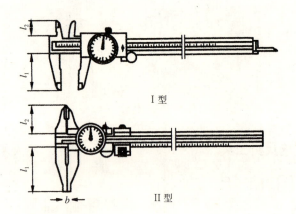

I 型

II 型

3 电子数显卡尺

电子数显卡尺作用与游标卡尺同，但测量精度高，并具有防磁、防锈和防油污的特点。

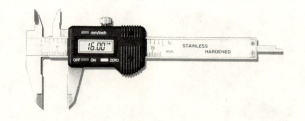

4 深度游标卡尺

深度游标卡尺用于测量工件深度尺寸以及台阶高度尺寸。

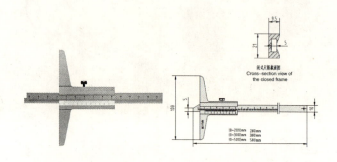

5 电子数显深度卡尺

电子数显深度卡尺测量精度比深度游标卡尺更高，能迅速、准确、直观地读出其深度测量值，适用方便。

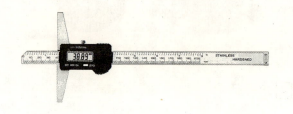

6 高度游标卡尺

高度游标卡尺用于测量工件的高度尺寸及精密划线用。

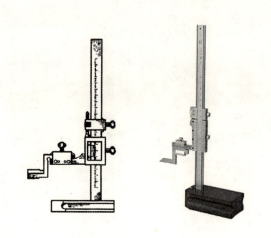

7 电子数显高度卡尺

电子数显高度游标卡尺测量精度比高度游标卡尺更高,能迅速、准确、直观地读出其高度值。

8 齿厚游标卡尺

齿厚游标卡尺适用于测量齿轮齿厚尺寸。

9 电子数显齿厚卡尺

电子数显齿厚卡尺测量精度较高,读数准确、直观、迅速、方便。

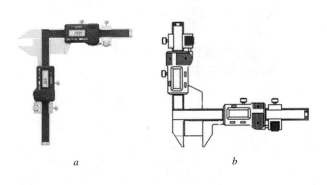

10 游标万能角度尺

游标万能角度尺,用于测量两侧量面夹角大小。按测量范围分为 I 型 0°~320°, II 型 0°~360°。

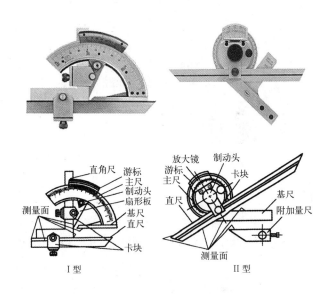

11 万能角尺

万能角尺用于测量一般的角度、长度、深度、水平度以及在圆形工作上定中心等,也可进行角度划线。角度测量范围为 0°~180°。

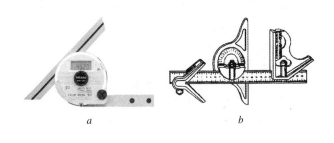

千分尺类工具

1 外径千分尺

外径千分尺是利用螺旋副原理,对弧形尺架上两测量面间分隔的距离进行读数的通用长度测量工具,用于测量工件的外部尺寸(如外径、厚度、长度等)。测量范围不大于1000mm的称小外径千分尺。测量范围大于等于1000mm的外径千分尺,称大外径千分尺,用于测量较大工件的外部尺寸。

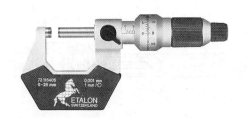

测量工具 [7]　千分尺类工具

2 电子数显外径千分尺

电子数显外径千分尺采用容栅传感器把长度位移量转换为电信号，在液晶屏显示数字。读数直观，测量效率较高。

3 内径千分尺

内径千分尺用于测量工件的孔径、槽宽、卡规等的内尺寸和两个内表面之间的距离等，测量精度较高。

4 三爪内径千分尺

三爪内径千分尺，通过塔形阿基米德螺旋体将三个测量爪沿半径方向推出，使与内孔接触，利用螺旋副原理对内孔进行测量，测量范围更大，精度更高。

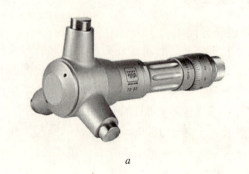

a

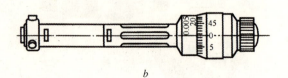

b

5 深度千分尺

深度千分尺用于测量精密工件的孔、沟槽的深度和台阶的高度，以及工件两平面间的距离等，测量精度较高。

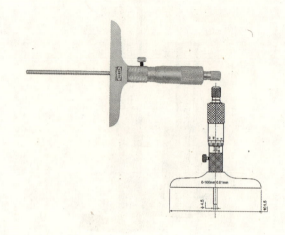

6 壁厚千分尺

壁厚千分尺是测弧形尺架上的球形测量面和平测量面间的距离工具。主要用于测量管子的壁厚。

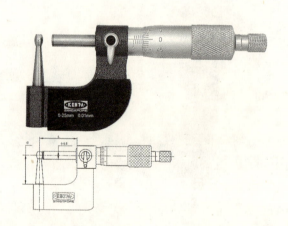

7 螺纹千分尺

螺纹千分尺用来测量螺纹的中径尺寸。

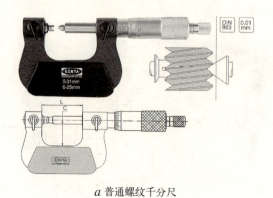

a 普通螺纹千分尺

千分尺类工具 [7] 测量工具

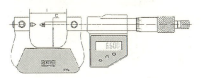

b 数显螺纹千分尺

8 尖头千分尺

尖头千分尺测量端的锥角有 30°、40°、60° 三种，通常用于测量螺纹的中径。

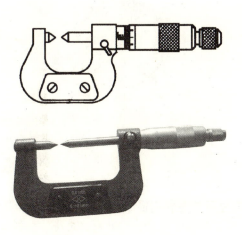

9 公法线千分尺

公法线千分尺用于测量外口齿合圆柱齿轮的两个不同齿面公法线长度，也可用于测量某些难测部位的长度尺寸。

10 杠杆千分尺

杠杆千分尺与外径千分尺相同，但其测量精度较外径千分尺高，一般用于测量工件的精密外形尺寸，如外径、长度、厚度等，或用于校对一般量具的精度。

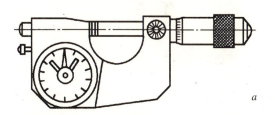

a

b

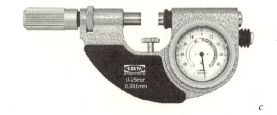

c

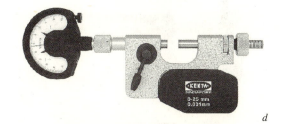

d

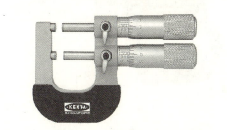

e

f

多种不同形式的杠杆千分尺

41

测量工具 [7]　千分尺类工具·指示表

11 带计数器千分尺
带计数千分尺，利用机械传动原理把长度位移量以数字显示出来，用于测量工件的外形尺寸。

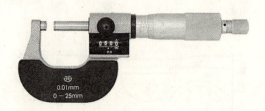

12 内测百分尺
内测千分尺用于测量工件的内侧面。其特点是容易找正内孔直径，测量方便。

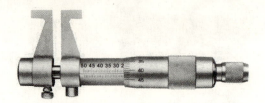

13 板厚百分尺
板厚百分尺用于测量板料的厚度。根据测量位置距工件边缘的尺寸不同，板厚百分尺的弓形规格有多种。

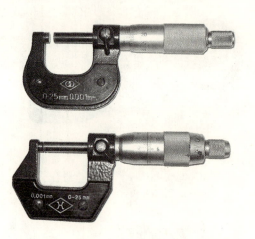

指示表

下述各类指示表必须在表座上才能进行测量。

1 百分表
百分表用于测量工件的各种几何形状和相互位置的准确性以及位移量，并可作比较法测量。

2 大量程百分表
大量程百分表与普通百分表相同，但测量范围大于 10mm，可至 100mm。

3 内径百分表和内径千分表
内径百分表和内径千分表，是将活动测头的直线位移通过机械传动转变为百（千）分表针的角位移，并由百（千）分表进行读数的内尺寸测量工具。用比较法测量工件圆柱形内孔和深孔的尺寸及其形状误差。

指示表　[7] 测量工具

4 涨簧式内径百分表

涨簧式内径百分表是将涨簧侧头的位移,通过机械传动转变为百分表指针角位移,由百分表上进行读数的内尺寸测量工具。

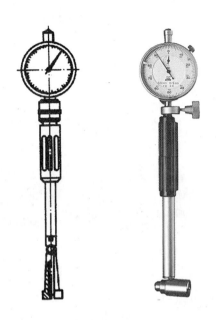

5 电子数显百分表和电子数显千分表

电子数显百分表和千分表用于测量精密工件的形状误差及位置误差,测量工件的长度。通过数字显示,读数迅速、直观,测量效率较高。

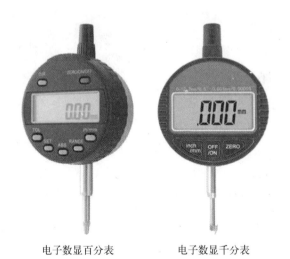

电子数显百分表　　　电子数显千分表

6 杠杆千分表

杠杆千分表用于测量工件的形状误差和位置误差,用比较法测量长度,尤其适用于在受空间限制而难以测量的小孔、凹槽、键槽、孔距及坐标尺寸等。

7 千分表

千分表是用比较测量和绝缘测量法来测量工件尺寸和几何形状的精密量具。

8 万能表座

万能表座有普通式和微调式两种。微调式万能表座具有微量调节指示表位置的功能。可用于支架百(千)分表并使其处于任意位置,测量工件尺寸、形状误差及位置误差。

a 微调式万能表座　　　b 普通式万能表座

测量工具 [7]　指示表·量规

9 磁性表座

磁性表座有普通式和微调式两种，具有微量调节指示表位置的功能。它可直接固定在任何空间位置的平面或圆柱体上，并使其处于任意方向，用于测量工件的尺寸、形状误差及位置误差。

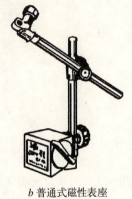

a 微调式磁性表座　　b 普通式磁性表座

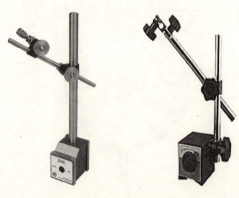

c 按钮式磁力表座

量规

1 量规

量规用于调整、校正或检验测量仪器、量具，及测量精密零件或量规的正确尺寸；与量块附件组合，可进行精密划线工作，是技术测量上长度计量的基准。

2 塞尺

塞尺又称测微片或厚薄规，是用于检验间隙的测量器具之一，横截面为直角三角形，在斜边上有刻度。可以直接读出缝的大小。塞尺使用前必须先清除塞尺和工件上的污垢与灰尘。使用时可用一片或数片重叠插入间隙，以稍感拖滞为宜。测量时动作要轻，不允许硬插，也不允许测量温度较高的零件。

3 角度块规

角度块规用于对万能角度尺和角度样板的鉴定，亦可用于检查工件的内外角，以及精密机床在加工过程中的角度调整等，是技术测量上角度计量的基准。

4 螺纹规

螺纹规用于检验普通螺纹的螺距。

量规 [7] 测量工具

5 半径规

半径规又称R规,也叫R样板、半径规。R规是利用光隙法测量圆弧半径的工具。测量时必须使R规的测量面与工件的圆弧完全紧密地接触,当测量面与工件的圆弧中间没有间隙时,工件的圆弧度数则为此时对应的R规上所表示的数字。由于是目测,故准确度不是很高,只能作定性测量。

a

b

6 正弦规

正弦规是利用正弦定义测量角度和锥度等的量规,也称正弦尺。它主要由一钢制长方体和固定在其两端的两个相同直径的钢圆柱体组成。两圆柱的轴心线距离L一般为100mm或200mm。

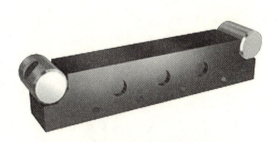

7 硬质合金塞规

在机械加工过程中,硬质合金塞规用于测量车孔、镗孔、铰孔、磨孔和研孔之孔径。

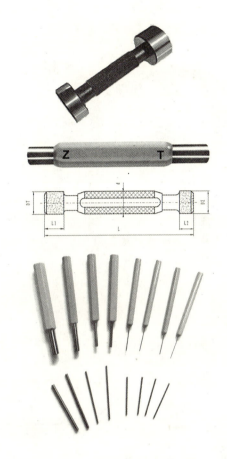

8 螺纹塞规

螺纹塞规是测量内螺纹尺寸的正确性的工具,此塞规种类可分为普通粗牙、细牙和管子螺纹三种。100mm以下的螺纹塞规为锥柄螺纹塞规。100mm以上的为双柄螺纹塞规。

通规　止规　整体式(左通规,右止规)

a

b

测量工具 [7] 量规

9 螺纹环规

螺纹环规用于测量外螺纹尺寸的正确性，通端为一件，止端为一件。止端环规在外圆柱面上有凹槽。当尺寸在100mm以上时，螺纹环规为双柄螺纹环规形式。规格分为粗牙、细牙、管子螺纹三种。

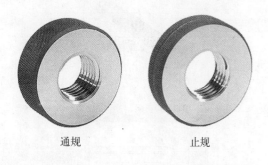

通规　　　　　　　　止规

10 中心规

中心规，用于检验螺纹及螺纹车刀的角度，亦可校验车床顶尖的精确度。

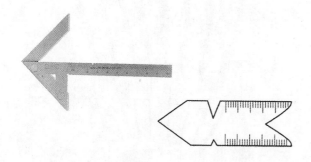

11 莫氏（或公制）圆锥量规

普通精度莫氏（或公制）圆锥量规适用于检查工具圆锥及圆锥柄的精确性；高精度莫氏（或公制）圆锥量规适用于机床和精密仪器主轴与孔的锥度检查。莫氏与公制圆锥量规有不带扁尾的 A 型和带扁尾的 B 型两种形式（B 型只检验圆锥尺寸，不检验锥角）。两种形式均有环规与塞规。量规有1级、2级、3级三个精度等级。

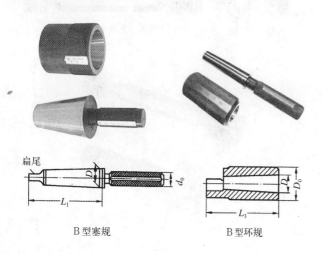

B 型塞规　　　　　　　B 型环规

12 表面粗糙度比较样块

表面粗糙度比较样块以样块工作面的表面粗糙度为标准，通过视觉和触觉与待测工件表面进行比较，从而判断其表面粗糙度值。比较时，所用样块须与被测件的加工方法相同。

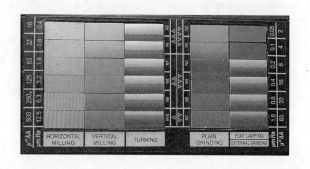

13 测厚规

测厚规是将百分表安装在表架上，测量头的测量面相对于表架上测砧测量面之间的距离（厚度），传递为百分表测量杆的直线位移，通过机械传动变为指针在表盘上的角位移，在百分表上读数。

14 带表卡规

带表卡规是将百分表安装在钳式支架上，借助于杠杆传动将活动测头测量面相对于固定测头测量面的移动距离，传递为百分表的测量杆的直线移动，再通过机械传动转变为指针在表盘上的角位移，由百分表读数。用于内尺寸测量的带表卡规称为带表内卡规，用于外尺寸测量的带表卡规称为带表外卡规。

量规·角尺、平板、角铁　[7] 测量工具

角尺、平板、角铁

1 刀口形角尺
刀口形角尺用于检测精密平面的直线度及平面度

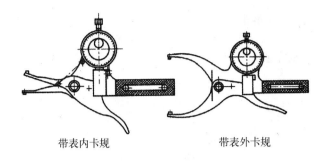

带表内卡规　　　　带表外卡规

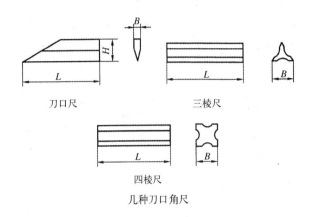

刀口尺　　　　三棱尺

四棱尺

几种刀口角尺

带表内卡规　　　　带表外卡规

2 90°角尺
90°角尺用于精确地检验零件、部件的垂直误差，也可对工件进行垂直划线。

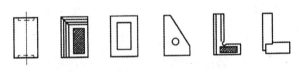

多种形式的90°角尺

15 扭簧比较仪
扭簧比较仪用于测量高精度的工件尺寸和形位误差，尤其适用于检验工件的径向跳动量。

3 铸铁角尺
铸铁角尺与90°角尺相同，用于检验工件的垂直度误差，主要适应于大型工件。

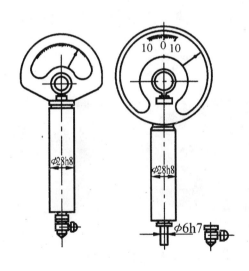

4 三角铁
三角铁是用来检查圆柱形工件或划线的工具。

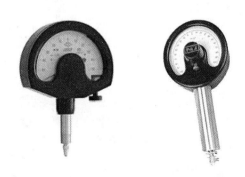

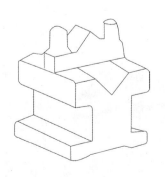

测量工具 [7]　角尺、平板、角铁·水平仪

5 铸铁平板、岩石平板

铸铁平板与岩石平板是检验和划线用的基准平台，性能稳定、可靠，平直精度高。主要用于工件的检验或钳工划线。

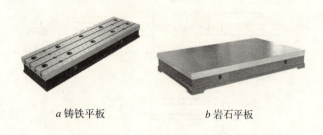

a 铸铁平板　　　　b 岩石平板

6 光学平直仪

光学平直仪用以检查零件的直线度、平面度和平行度，还可以测量平面的倾斜变化、高精度测量垂直度以及进行角度比较等。用两台平直仪可测量多面体的角度精度。适用于机床制造、维修或仪器的制造行业。

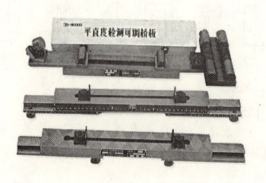

水平仪

水平仪是用来测量安装、施工水平的工具。

1 数字式光学合像水平仪

数字式光学合像水平仪，用于测量平面或圆柱面的平直度，检查精密机床、设备及精密仪器安装位置的正确性，还可测量工件的微小倾角。

2 框式水平仪和条式水平仪

框式水平仪和条式水平仪主要用来检验被测平面的平直度，例如检验机床上各平面相互之间的平行度和垂直度，以及设备安装时的水平位置和垂直位置。

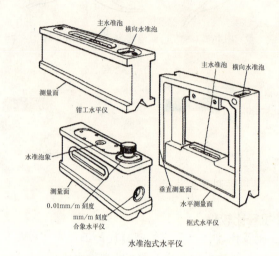

3 电子水平仪

电子水平仪主要用于测量平板、机床导轨等平面的直线度、平行度、平面度和垂直度，并能测试被测面对水平面的倾斜角。

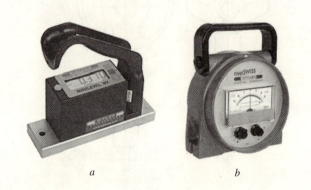

a　　　　　　　b

4 铁水平仪

铁水平仪用于检查一般设备安装的水平和垂直位置。

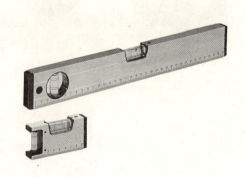

水平仪·其他测量仪　[7] 测量工具

5 木水平仪

木水平仪用于建筑工程中检查建筑物对于水平位置的偏差，一般常为泥瓦工及木工使用。

6 线锤

线锤供测量工作及修建房屋时显示垂直基准线。

其他测量仪

1 三维数据测量仪

三维数据测量仪主要是指通过三维取点来进行测量的一种仪器，市场上也称三坐标测量机、三维坐标测量仪、三次元的测量仪。

使用时，将被测物体置于三次元测量空间，可获得被测物体上各测点的坐标位置。根据这些点的空间坐标值，经计算机处理，求出被测物体的几何尺寸、形状和位置。

a 便携式三维测量仪　　b 三维数据测量仪

c 三维数据测量仪

d 三维数据测量仪

e 三维数据测量仪

2 影像测量仪

影像测量仪克服了传统投影仪的不足，是集光、机、电、计算机图像技术于一体的新型高精度、高科技测量仪器。由光学显微镜对待测物体进行高倍率光学放大成像，经过 CCD 摄像系统将放大后的物体影像送入计算机后，高效地检测各种复杂工件的轮廓和表面形状尺寸、角度及位置，特别适用于精密零部件的微观检测与质量控制。可将测量数据直接输入到 AutoCAD 中，成为完整的工程图，图形可生成 DXF 文档，也可输入到 WORD、EXCEL 中进行统计分析，可画出简单的 Xbar-S 管制图，求出 Ca 等各种参数。该仪器适用于以二坐标测量为目的的一切应用领域，在机械、电子、仪表、五金、塑胶等行业广泛使用。

电动工具 [8]

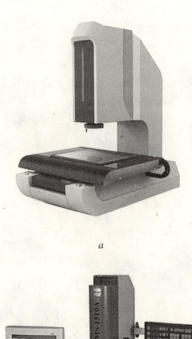

a

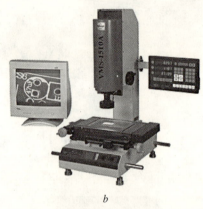

b

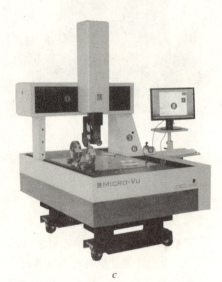

c

电动工具

电动工具是指用手握持操作，以小功率电动机或电磁铁作为动力，通过传动机构来驱动作业工作头的工具。

1895年，德国制造出世界上第一台能在钢板上钻孔的直流电钻，随后出现了三相工频电钻。1914年，出现了单相串激电动机驱动的电动工具，电动机转速达10000r/min以上。1927年，出现了中频电动工具，它转速高，结构简单、可靠，但因需用中频电流供电，使用受到限制。20世纪60年代，随着电池制造技术的发展，出现了用镍镉电池做电源的电池式电动工具，到70年代中后期，这种电动工具得到广泛使用。

电动工具最初用铸铁做外壳，后改用铝合金做外壳。20世纪60年代，热塑性工程塑料在电动工具上获得应用，并实现了双重绝缘，保障了电动工具的使用安全性。由于电子技术的发展，60年代还出现了电子调速电动工具。在使用时能按被加工对象的不同（如材料不同、钻孔直径大小等），选择不同的转速。

电动工具主要分为金属切削电动工具、研磨电动工具、装配电动工具等。常见的电动工具有电钻、电动砂轮机、电动扳手和电动螺丝刀、电锤和冲击电钻、混凝土振动器、电刨等。

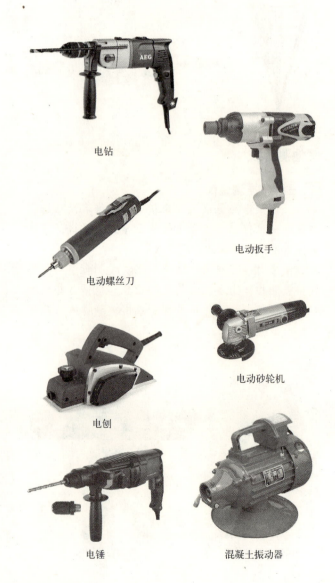

电钻　电动扳手　电动螺丝刀　电动砂轮机　电刨　电锤　混凝土振动器

金属切削类

1 磁座钻

磁座钻主要由电钻、机架、电磁吸盘、进给装置和四转机构等组成。使用时借助直流电磁铁吸附于钢铁等磁性材料工件上，运用电钻进行切削加工，适用于大型工件和高空作业。

a

b

c

2 刀锯

刀锯一般用于小管径钢管的锯割，更换锯条也可锯割其他材料。

3 型材切割机

型材切割机是一种高速电动切割工具，可安装圆盘锯片或砂轮进行切割。切割机有可移式、箱座式、转盘式等多种形式，适用电源为单相交流220V或三相380V。用于切割圆形钢管、异形钢管、角钢、扁钢、槽钢等各种型材及铝、铜、塑料、电线、电缆等管材、线材，切断面平整，切割角度准确。

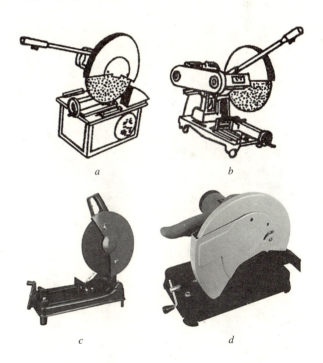

a   *b*

c   *d*

4 电冲剪

电冲剪除具电剪刀的功能外，还能冲剪波纹钢板、塑料板、层压板等板材，以及开各种形状的孔，且材料不会变形。

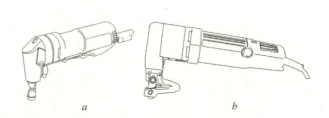

a   *b*

电动工具 [8]　金属切削类

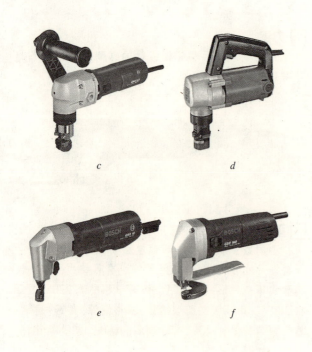

c　　　　　　　d

e　　　　　　　f

5 电剪刀

电剪刀是对金属板材进行剪切的电动工具，用于剪切薄钢板、钢带、有色金属板材、带材及橡胶、塑料板等，尤其适宜修剪工件边角，切边平整。

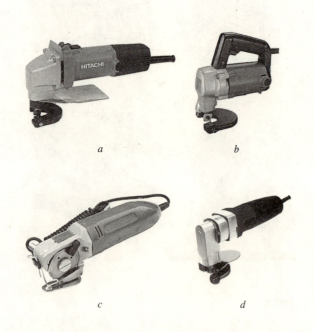

a　　　　　　　b

c　　　　　　　d

6 双刃电剪刀

双刃电剪刀是一种新型的手持式电动工具，采用双刃口剪刀形式与双重绝缘结构，专为各种薄壁金属型材的剪切而制造。剪切后的金属薄板具有不产生变形的良好性能。

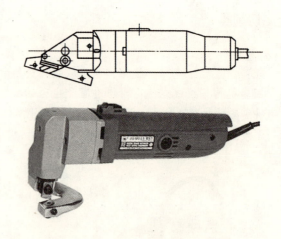

7 焊缝坡口机

焊缝坡口机用于在气焊或电焊之前对金属构件开各种形状（如 V 形、双 V 形、K 形、Y 形等）、各种角度（20°、25°、30°、37.5°、45°、50°、55°、60°）的坡口。

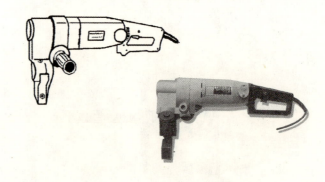

8 攻丝机

攻丝机以丝锥为工具，用来在钢、铸铁、黄铜及铝等材料中切制内螺纹。

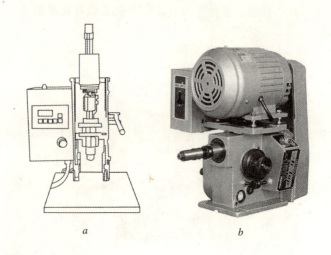

a　　　　　　　b

金属切削类　[8] 电动工具

C型（轻型）电钻，额定输出功率和转矩比A型小。主要用于有色金属、熟铁和塑料的钻孔，尚能用于普通钢材的钻削。C型电钻轻便，结构简单，不可施以强力。

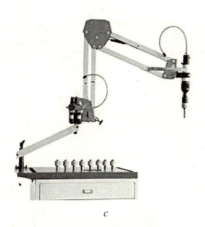

几种不同功能的攻丝机

9 锯管机——自爬式电动锯管机

锯管机——自爬式电动锯管机由电动机、齿轮减速箱、过载保护装置、爬行进给离合器、进给机构、爬行夹紧机构和铣刀等组成，可利用铣刀割断大口径钢管、铸铁管和加工焊件的坡口。

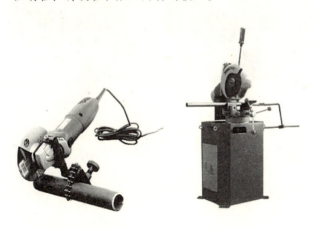

10 电钻

电钻是利用电做动力的钻孔工具，是电动工具中的常规产品，也是需求量最大的电动工具类产品。对有色金属、塑料等材料最大钻孔直径可比原规格大 30%～50%。

根据使用电源种类的不同，分单相串激电钻、直流电钻、三相交流电钻等。形式有直筒式、枪柄式、双侧手柄式、后托架式、环柄式等多种。而按基本参数和用途分为：

A型（普通型）电钻，主要用于普通钢材的钻孔，也可用于塑料和其他材料的钻孔，具有较高的钻削生产率，通用性强。

B型（重型）电钻，额定输出功率和转矩比A型大，主要用于优质钢材及各种钢材的钻孔，具有很高的钻削生产率。B型电钻结构可靠，可施加较大的轴向力。

电动工具 [8]　金属切削类·砂磨类

i　　　　　　　*j*

多种样式的手电钻

11 高效倒角切割机（手提式）

高效倒角切割机适用于钢板、不锈钢及铝质材料作直线或曲线倒角（倒圆）加工。

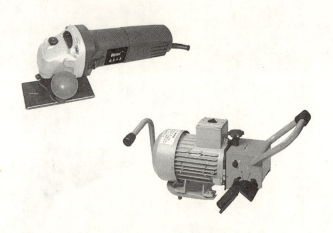

砂磨类

1 盘式砂光机

盘式砂光机用于金属构件和木制品表面砂磨和抛光，也可用于清除工件表面涂料及其他打磨作业。不受工件形状限制。

2 平板摆动式砂光机

平板摆动式砂光机与电动砂光机类同，但能用于角落的表面和曲面的砂光，并能附装吸尘器。

a　　　　　　　*b*

c　　　　　　　*d*

e　　　　　　　*f*

3 带式砂光机

带式砂光机通过安装不同的砂带，可用于砂光各种材料的表面，并附有收集尘埃的装置。

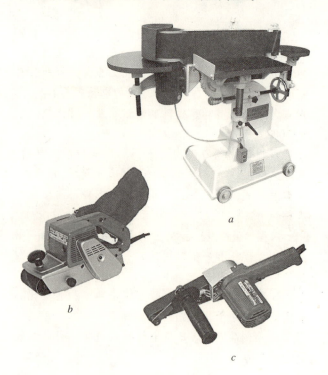

a

b

c

砂磨类 [8] 电动工具

4 模具电磨

模具电磨主要用于模具的制造和修理，也适用于磨削不易在磨床等专用设备上加工的金属表面，是以磨代粗刮的理想工具。

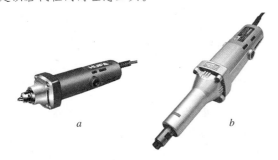

5 角向磨光机

电动角向磨光机有三种类型：A型（普通型，磨削量一般）、B型（重型，磨削量较大）、C型（轻型，磨削量较小），用于锻件、铸件、焊件等金属机件的砂磨、修磨或切割；焊接前开坡口、除锈或进行其他砂光作业；配用金刚石切割片，可切割非金属材料，如砖、石等。

6 抛光机

抛光机，配用布、毡等抛轮对各种材料的工作表面进行抛光。

7 软轴砂轮机

软轴砂轮机用于对大型笨重及不易搬动的机件进行磨削、去毛刺、清理飞边。操作灵活，适应受空间限制部位的加工。

8 手持式直向砂轮机

手持式直向砂轮机配用于平行砂轮，可对大型不易搬动的钢铁件、铸件等进行磨削加工，清理飞边、毛刺和金属焊缝、割口。换上抛轮，可用作清理金属结构件的锈层及抛光金属表面。

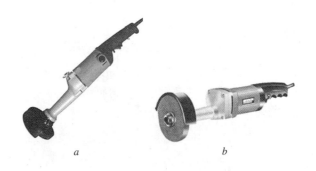

电动工具 [8]　砂磨类·装配作业类

9 台式砂轮机

台式砂轮机有普通型和轻型两种。台式砂轮机固定在工作台上，用于修磨刀具、刃具，也用于对小型工件的表面进行去刺、磨光、除锈等。

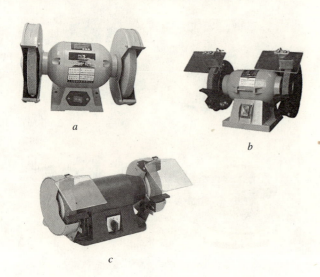

10 落地砂轮机

落地砂轮机固定在地面上，用途与台式砂轮机相同。

装配作业类

1 电动扳手

电动扳手就是以电源或电池为动力的扳手，是一种拧紧螺栓的工具，主要分为冲击扳手、扭剪扳手、定扭矩扳手、转角扳手、角向扳手、液压扳手、扭力扳手、充电式电动扳手等。

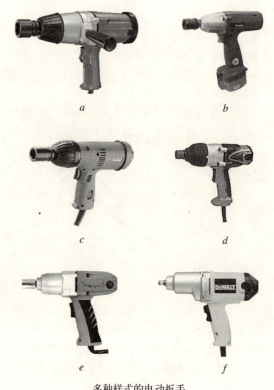

多种样式的电动扳手

2 定扭矩电扳手

定扭矩电扳手用于装卸六角头螺栓或螺母，在拧紧作业时，能自动控制扭矩，适用于钢结构桥梁、厂房建造、大型设备安装、动力机械和车辆装配以及对螺纹紧固件的拧紧扭矩或轴向力有严格要求的场合。

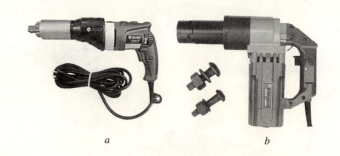

装配作业类 [8] 电动工具

3 电动螺丝刀

电动螺丝刀有普通式和自攻式两种。普通式螺丝刀用于拧紧或拆卸一字槽或十字槽的机螺钉、螺母和木螺钉、自攻螺钉。带有螺钉旋入深度调节装置，当螺钉旋入到预定深度时，离合器能自动脱开而不传递扭矩。带有螺钉的自动定位装置，使螺钉吸附在螺丝刀头上，确保自攻螺钉不产生脱落现象。

5 微型永磁直流电螺丝刀

微型永磁直流电螺丝刀适用于一字或十字螺钉的装卸。微型电螺丝刀（M2 以下）尤其适用于手表、照相机、仪器仪表中装卸微型螺钉，并能作为机械手的工作头应用在自动装配线上。

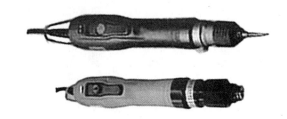

6 充电式电钻——螺丝刀

充电式电钻配用麻花钻头或一字、十字螺丝刀头，进行钻孔和装拆机器螺钉、木螺钉等作业，安全可靠。尤其适用于野外、高空、管道、无电源及有特殊安全要求的场合。

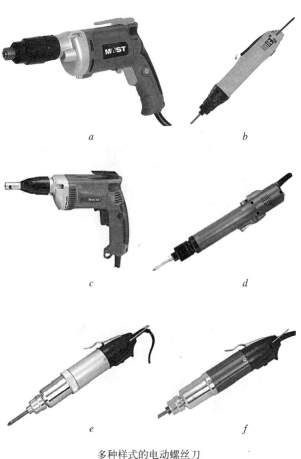

多种样式的电动螺丝刀

7 电动拉铆枪

电动拉铆枪用于单面铆接（拉铆）各种结构件上的抽芯铆钉，尤其适用于对封闭构造型结构件进行单面铆接。

4 简便型电动螺丝刀

简便型电动螺丝刀，适用于五金电器、仪器仪表、钟表和玩具等行业及家庭进行螺钉装卸的场合，具备手动和电动两种功能。

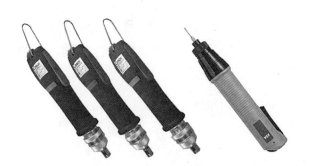

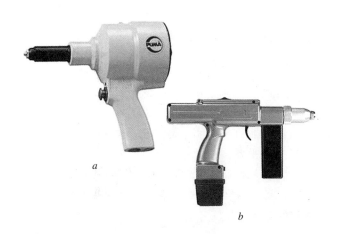

电动工具 [8]　装配作业类·林木类和农牧类

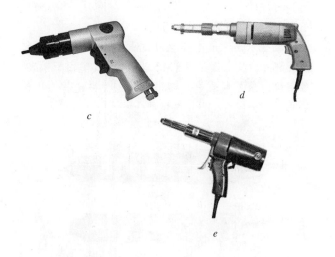

电刨有直接传动式和间接传动式两种结构。直接传动式是刨刀直接装在电动机输出轴上，间接传动式是电动机的输出轴通过尼龙带驱动刀轴。

电刨由电动机、刀腔结构、刨削深度调节机构、手柄、开关和不可重接插头等组成。刀腔结构有上、下两层，上层为排屑室，由电动机风扇的冷却风进行排屑。刨削深度调节机构由调节手柄、防松弹簧、前底板等组成，拧动调节手柄，可使前底板上、下移动从而调节刨削深度。电动机输出轴带动尼龙传动带驱动刀轴上的刨刀进行刨削作业。

8 电动胀管机

电动胀管机用于扩大金属管端部的直径，使之与连接部位紧密胀合而不会漏水、漏气，并能承受一定的压力。带有自动控制仪的产品，能自动控制胀紧度，适用于锅炉制造和安装、石油化工交换器及冷凝器、机车制造和修理。电动胀管机由胀管机及数显控制仪组成，与之配套的还有胀管器（工作头）。

2 电动开槽机

电动开槽机适用于木工作业中的开槽和刨边，装上各种形状的刀具也可进行成型刨削。

林木类和农牧类

1 电刨

电刨是由单相串励电动机经传动带驱动刨刀进行刨削作业的手持式电动工具，具有生产效率高，刨削表面平整、光滑等特点。广泛用于房屋建筑，住房装潢、木工车间、野外木工作业及车辆、船舶、桥梁施工等场合，可进行各种木材的平面刨削、倒棱和裁口等作业。

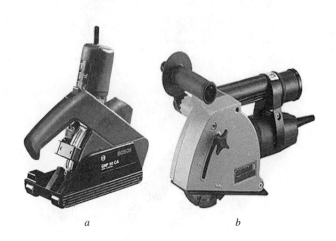

林木类和农牧类 [8] 电动工具

3 电链锯

电链锯适用于伐木、造材时高速旋转切削木材。

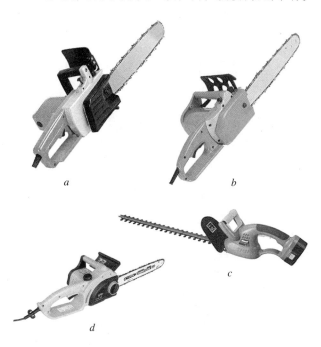

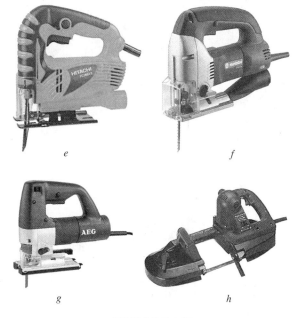

多种样式的手电锯

4 曲线锯

曲线锯，在板材上可按曲线进行锯切的一种电动往复锯，也叫积梳机、垂直锯。配用曲线锯条，可对木材、金属、塑料、橡胶、皮革等板材进行直线和曲线锯割，还可安装锋利的刀片裁切橡胶、皮革、纤维织物、泡沫塑料、纸板等。广泛应用于汽车、船舶、家具、皮革等行业，在木模、工艺品、布景、广告制作、修理业中也有较多应用。1947年，德国博世公司（Bosch）发明了世界上第一台曲线锯。

5 电圆锯

电圆锯是以单相串励电动机为动力，通过传动机构驱动圆锯片进行锯割作业的工具，具有安全可靠、结构合理、工作效率高等特点，适用于对木材、纤维板、塑料和软电缆以及类似材料进行锯割作业。

电圆锯采用拎攀式外形结构，主要由电动机、减速箱、防护罩、调节机构和底板、手柄、开关、不可重接插头、圆锯片等组成。

电动机采用单相串励电动机，根据定、转子铁心与对地间有无附加绝缘分为单绝缘电圆锯（定子与对地间无附加绝缘，又称Ⅰ类工具）及双重绝缘电圆锯（定、转子与对地间均有附加绝缘，又称Ⅱ类工具）。

电动工具 [8]　林木类和农牧类

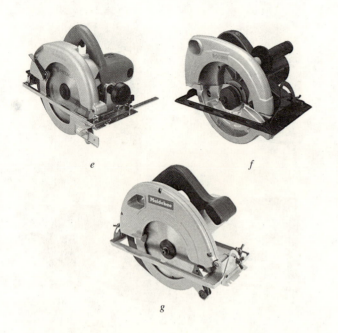

e　f　g

8 木工修边机
木工修边机适用于木工修整木材的棱角。

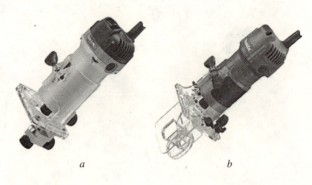

a　b

9 转台式斜断机
转台式斜断机用于木材的直口或斜口锯割。

6 木工凿眼机
木工凿眼机配用方眼钻头，可在木质工件上凿方眼，去掉方眼钻头的方壳后也可钻圆孔。

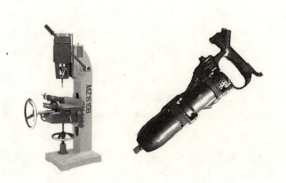

7 电动雕刻机
电动雕刻机装上各种成型铣刀，可在木工工件上铣出各种不同形状的沟槽，雕刻各种花纹图案。

10 电动木钻
电动木钻用来在木材上钻孔。

a　b

11 电动剪草机
电动剪草机适用于果林场、花园等场所修剪小树枝及花草。

林木类和农牧类·建筑、筑路和矿山类 [8] 电动工具

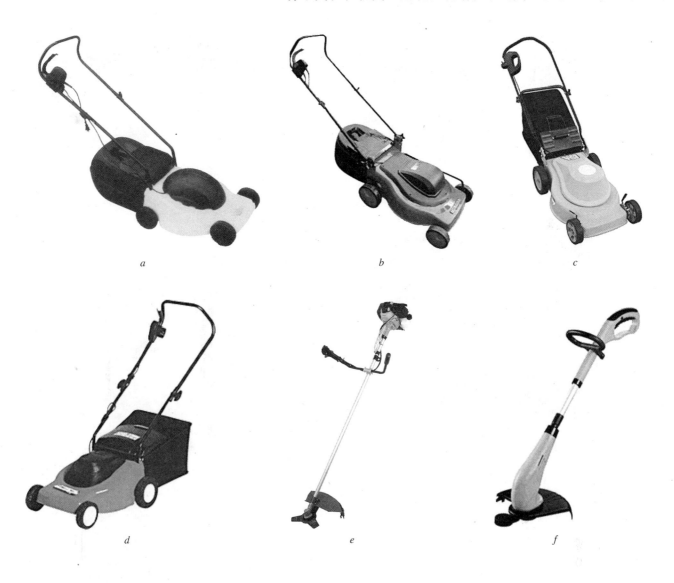

12 电动剪毛机

电动剪毛机用于牧区或牧场剪羊毛,更换剪切机构及刀片还能剪牛毛和马毛等。

建筑、筑路和矿山类

1 锤钻

电动锤钻有两种功能:当冲击带旋转时,配用电锤钻头,可在混凝土、岩石、钻墙等脆性材料上进行钻孔、开槽、凿毛等作业;当有旋转而无冲击时,配用麻花钻头或机用木工钻头,可对金属等韧性材料及塑料、木材等进行钻孔作业。

61

电动工具 [8]　建筑、筑路和矿山类

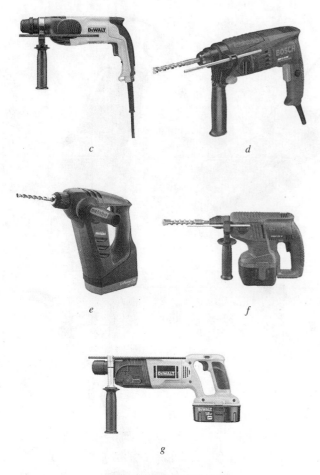

多种样式和规格的电动锤钻

2 电锤

电锤，是以冲击运动为主，辅以旋转运动的手提式电动工具，专门用于对混凝土、岩石、砖墙等脆性材料进行钻孔、开槽、凿毛等作业。

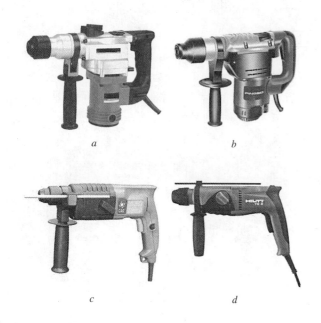

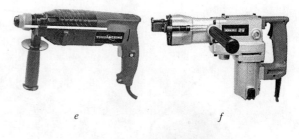

多种样式和规格的电锤

3 电动捣碎锤

电动捣碎锤用于捣碎砖块、石块、混凝土块等。

4 插入式混凝土振动器

插入式混凝土振动器在浇筑混凝土时插入混凝土中，通过振动去除空隙、气孔等，对凝固前的混凝土起振实作用。

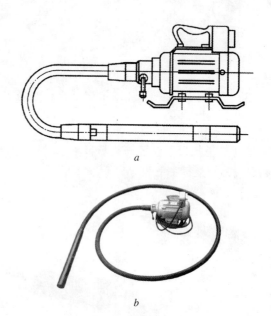

5 手持式振动抹光器

手持式振动抹光器是专供振实、抹光混凝土表层的便携式电动工具，广泛用于建筑行业，最适合对刚浇筑的混凝土表面（层）进行振实、提浆或抹光等作业。

建筑、筑路和矿山类 [8] 电动工具

6 大理石切割机

　　大理石切割机利用金刚石切割片对各类石材、大理石板、瓷砖、水泥板等含硅酸盐的材料进行切割。金刚石锯片分干式和湿式两种。湿式在通水状态下使用。若采用纤维增强薄片砂轮，也可用于切割钢和铸铁件、混凝土。

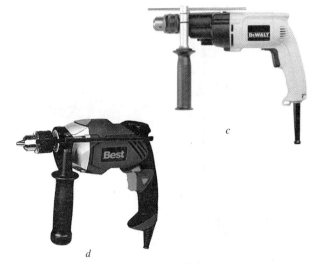

c

d

7 冲击钻

　　冲击钻是依靠旋转和冲击来工作的钻孔工具。单一的冲击是非常轻微的，但每分钟40000多次的冲击频率可产生连续的冲击力。冲击钻可用于在天然的石头或混凝土上钻孔。

a

b

e

8 煤电钻

　　煤电钻用于煤层中回采及掘进钻孔。

9 电动湿式磨光机

　　电动湿式磨光机又称手提式水磨石机，主要用于地面、窗台、楼梯、立柱、台阶墙边沿等的水磨。换上不同的砂轮或抛光轮，也可用于对金属表面进行去锈、打磨、抛光等作业。

63

电动工具 [8] 建筑、筑路和矿山类

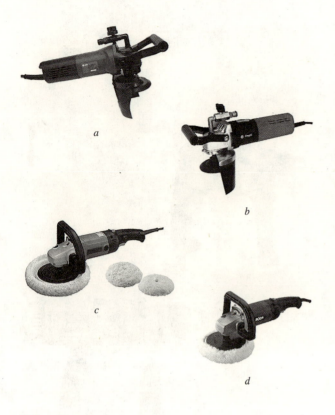

10 水磨石机

水磨石机用于磨平、磨光面积较大的混凝土或砖抛地面、台阶等建筑物表面。根据磨盘的不同，又分为单盘和双盘两种。

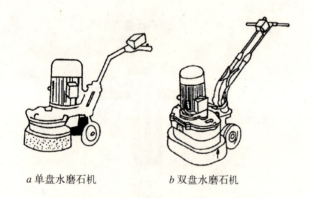

a 单盘水磨石机　　*b* 双盘水磨石机

c 单盘水磨石机

11 夯实机

夯实机，通过偏心轮使夯头撞击地面达到夯实作用，广泛使用在建筑、水利及筑路工程中，用来夯实地基素土。

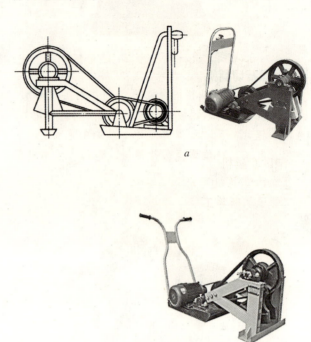

12 混凝土钻孔机

混凝土钻孔机主要用于对墙壁、楼板、砖墙、岩石、玻璃等非金属材料的钻孔。

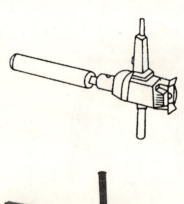

其他类电动工具

13 砖墙铣沟机

砖墙铣沟机配用硬质合金专用铣刀，可对砖墙、泥夹墙、石膏和木材等材料表面进行铣切沟槽作业。所带集尘袋用来收集铣切碎屑。

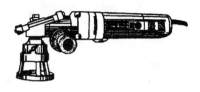

14 电动套丝机

电动套丝机可进行套切管螺纹、管子内口倒角、管子切断等工序，在建筑工程中被广泛适用。

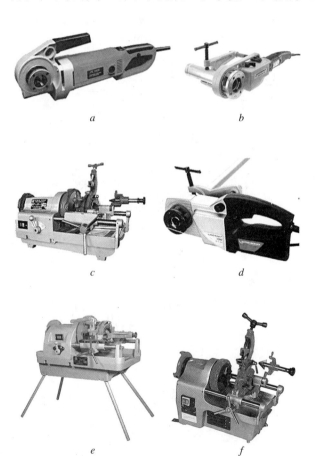

1 电动管道清洗机

电动管道清洗机是通过伸入管道内的软轴和工作头，将堵塞物粉碎或带出，从而达到疏通管道的作用。其形式有手持式和移动式两种。

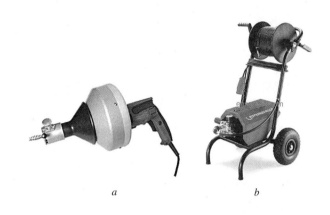

2 电动吹风机

电动吹风机是依靠电力驱动产生的强力气流，来清除地面或机器内部难以清理的灰尘、锈迹、油污等的工具，也常用于吹干潮湿地面。

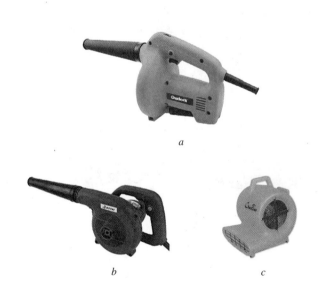

气动工具 [9]　金属切削类

气动工具是用压缩气体作为动力的工具,又称风动工具。气动工具主要分为冲击式、旋转式和兼具冲击和旋转作用等形式。

1. 冲击式气动工具:由压缩气体驱动活塞往复运动,产生高速锤击作用,完成所需动作。如锤击钎杆、拆除建筑物、破碎路面用的风镐,铆接金属结构用的铆钉枪,清除铸锻件毛刺用的风铲和除锈或捣固砂型用的风锤等。

2. 旋转式气动工具:由压缩气体驱动叶片式气动马达带动工具旋转,完成所需动作。如风动磨头和抛光机,钻孔和扩孔用的高速风钻,拧螺母用的风动扳手和风动旋凿等。

3. 冲击、旋转式气动工具:同时具有冲击和旋转两种动作。如采矿和掘进用的凿岩机,其缸体内的锤头向前移动时冲击钎杆尾端使钎头凿入岩石,回行时带动钎杆旋转一个角度,再开始第二次凿岩动作。

4. 其他风动工具:如气动夹具,动作迅速,夹紧可靠,适用于自动生产线。

本书按气动工具的功能分类,分为:1. 金属切削类;2. 砂磨类;3. 装配作业类;4. 铲锤类。

金属切削类

1 气钻

气钻以压缩空气为动力,可高效钻削各种金属材料,适宜于大型机械结构、流动工场等的室外钻削操作,也适用于连续生产线。

a

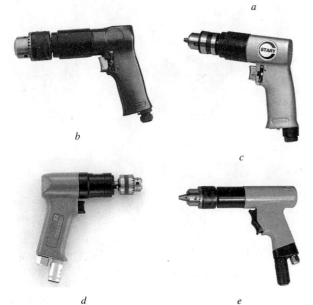

几种不同形式的气钻

2 弯角气钻

弯角气钻适宜在钻孔部位狭窄的金属构件上进行钻削操作。特别适用于机械装配、建筑工地、飞机和船舶制造等方面。

3 气剪刀

气剪刀以压缩空气为动力,适用于飞机、汽车、电器等行业的薄板剪切,能剪裁圆形或任意曲线。

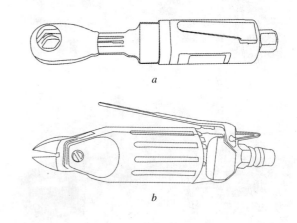

4 气冲剪

气冲剪用于冲剪钢、铝等金属板材及塑料板、布制层压板、纤维板等非金属板料。在飞机制造、造船、汽车、建筑等行业应用广泛。

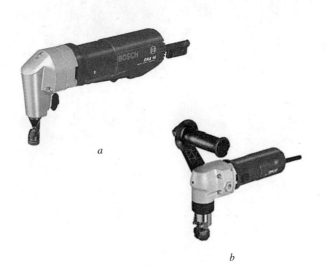

金属切削类 [9] 气动工具

5 气动锯

气动锯以压缩空气为动力,适用于对金属、塑料、木质材料的锯割。

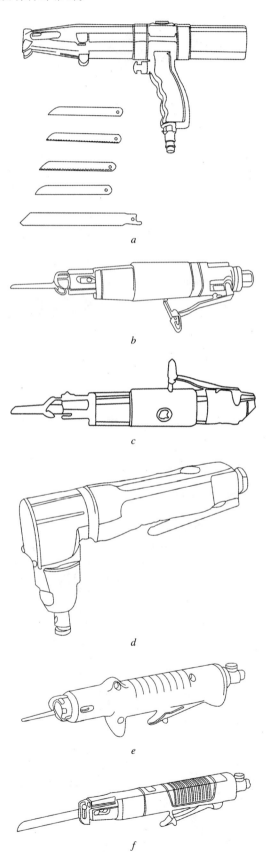

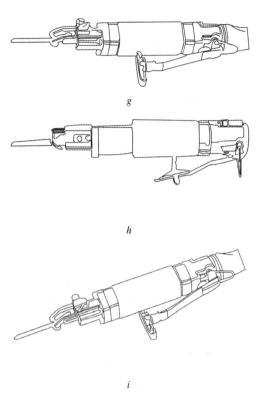

几种不同形式的气动锯

6 气动截断机

气动截断机是以压缩空气为动力,驱动片状砂轮截断材料或工件的工具。适用于对金属材料的切割。

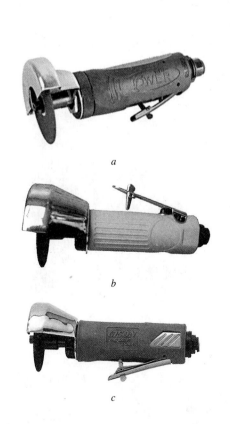

气动工具 [9] 金属切削类·砂磨类

7 气动手持式切割机
气动手持式切割机用于切割钢、铝合金、塑料、木材、玻璃纤维、瓷砖等材料。

a

b

砂磨类

1 气动砂轮机
气动砂轮机以压缩空气为动力，适合在船舶、锅炉、化工机械及各种机械制造和维修工作中用来清除毛刺和氧化皮、修磨焊缝、砂光和抛光等作业。主要是由基座、砂轮、气体动力源、托架、防护罩和给水器等所组成。砂轮较脆，转速很高，使用时应严格遵守安全操作规程。

2 立式端面气动砂轮机
立式端面气动砂轮机主要适用于修磨焊缝、清理铸件毛刺、粗磨削加工、金属切割及其他金属构件的表面修整。

3 角式端面气动砂轮机
角式端面气动砂轮机适用于修磨焊缝及其他金属构件的表面修整。

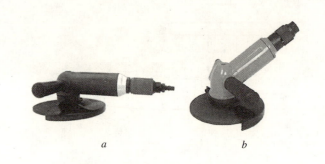

a　　　　　　b

4 气动模具磨
气动模具磨以压缩空气为动力，配以多种形状的磨头或抛光轮，用于对各类模具的型腔进行修磨和抛光。

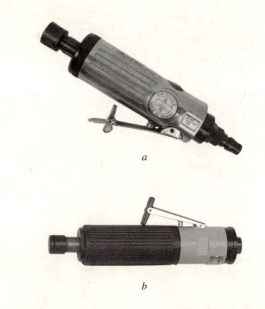

a

b

直柄　　　　　　角向

c　　　　　　　　d

砂磨类·装配作业类　[9] 气动工具

5 掌上型砂磨机

掌上型砂磨机以压缩空气为动力，适用于手持灵活地对各种表面进行砂磨。

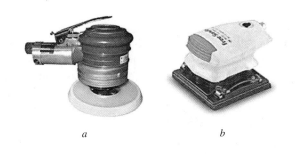

装配作业类

1 气扳机

气扳机以压缩空气为动力，适用于汽车、拖拉机、机车车辆、船舶等修造行业及桥梁、建筑等工程中螺纹连接的旋紧和拆卸作业。加长扳轴气扳机能深入构件内作业。尤其适用于连续装配生产线操作。

6 气抛光机

气抛光机适用于各种工件的抛光工作及用于模具、型腔等外表面的抛光。

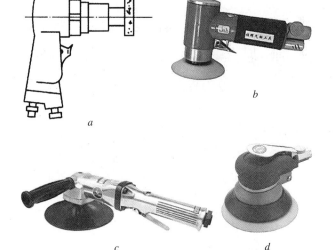

几种不同形式的气动抛光机

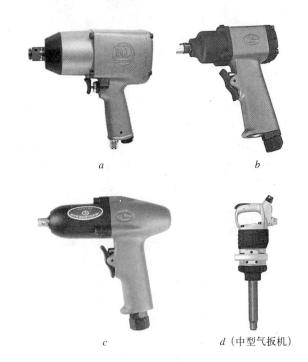

d（中型气扳机）

2 定扭矩气扳机

定扭矩气扳机适用于汽车、拖拉机、内燃机、飞机等制造、装配和修理工作中的螺母和螺栓的旋紧和拆卸。可根据螺栓的大小和所需要的扭矩值，选择适宜的扭力棒，以实现不同的定扭矩要求。尤其适用于连续生产的机械装配线，能提高装配质量和效率，以减轻劳动强度。

7 电机针束除锈机

电机针束除锈机通过电力驱动除锈针束震动，用于凹凸不平表面的除锈、清渣及混凝土制品的修凿、清斑等。

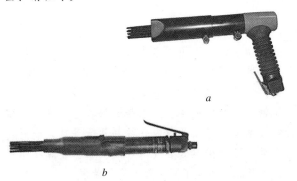

气动工具 [9] 装配作业类

3 高转速气扳机
高转速气扳机能高效地拧紧和拆卸较大扭矩的螺栓、螺钉和螺母。

4 气动扳手
气动扳手也称为棘轮扳手及电动工具总合体，是提供高扭矩但输出消耗最小的工具。

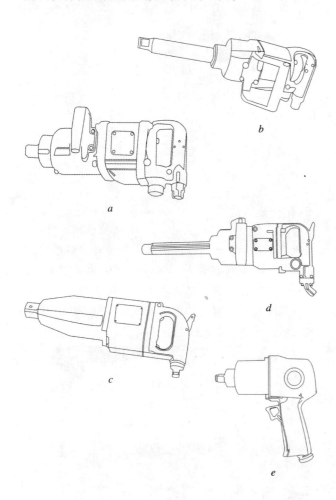

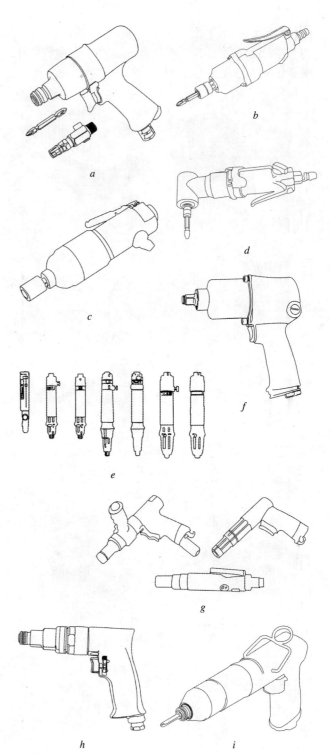

5 气动螺丝刀
气动螺丝刀以压缩空气为动力，用于电器设备、汽车、飞机及其他各种机器装配和修理工作中螺钉的旋紧与拆卸。尤其适用于连续装配生产线。可减轻劳动强度，确保质量和提高效率。

6 气动拉铆枪
气动拉铆枪可用于各类金属板材、管材等制造工业的紧固铆接，目前广泛地使用在汽车、航空、铁道、制冷、电梯、开关、仪器、家具、装饰等机电和轻工产品的铆接上。它是为解决金属薄板、薄管焊接螺母易熔以及攻内螺纹易滑牙等缺点而开发的工具，可铆接不需要攻内螺纹、不需要焊接螺母的拉铆产品，铆接牢固，效率高，使用方便。

装配作业类・铲锤类　[9] 气动工具

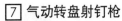

铲锤类

1 气铲

气铲适用于铲除和修整各种铸件或铆焊件表面之疙瘩、边棱、焊缝和毛刺，亦可直接作铆钉的铆接和岩石制品的外形修整等。

7 气动转盘射钉枪

气动转盘射钉枪以压缩空气为动力，将铁钉直射于混凝土、砌砖体、岩石和钢铁上，以紧固建筑构件、水电线路及某些金属结构件等。

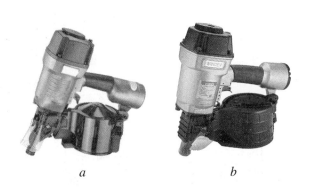

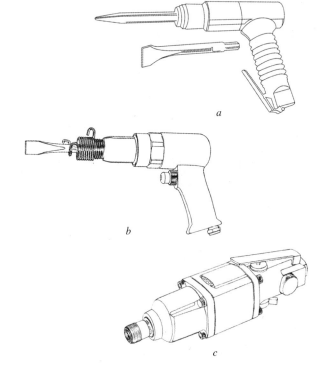

8 气动码钉射钉枪

气动码钉射钉枪用于把码钉射在建筑构件、包装箱等物件上做紧固之用。

气动码钉射钉枪结构图
a

2 气镐

气镐适用于煤矿开采、软岩石开凿、混凝土破碎、冻土和冰的破碎以及机械设备中销钉的装卸等。

a

71

气动工具 [9] 铲锤类

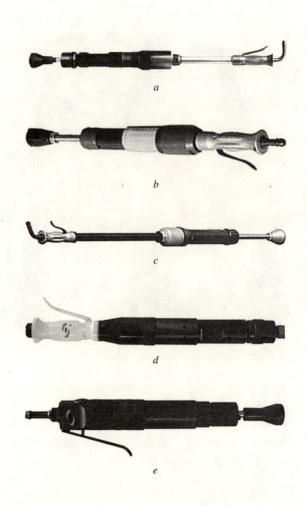

4 气动铆钉机

气动铆钉机主要用于桥梁、桁架、矿车等金属结构的热铆接作业，也可用于其他需要产生冲击能量的工作场合。

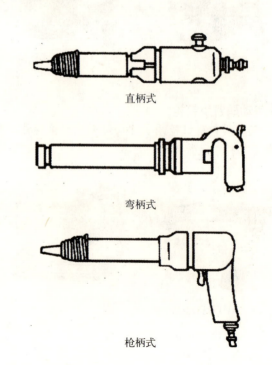

3 气动捣固机

气动捣固机以压缩空气为动力，适用于铸造行业捣固砂型，还可用于捣固混凝土、砖坯及修补炉衬等。

铲锤类·液压工具 [9] 气动工具

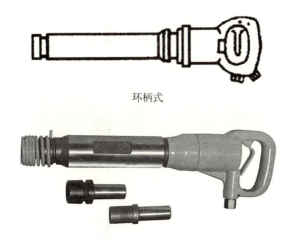

环柄式

5 手持式凿石机

手持式凿石机适用于在岩石、砖墙、混凝土等构件上凿孔，作安装管道、架设动力线路和安装地脚螺栓等用，是提高工效、减轻劳动强度的必备工具。

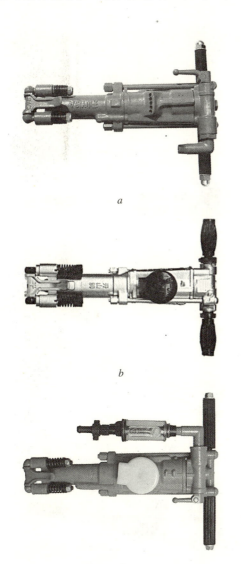

a

b

c

液压工具

液压工具，是指工具动力源通过液压传输动力，提供足以保持工具正常工作的动力。一个完整的液压工具系统由五个部分组成，即动力元件、执行元件、控制元件、辅助元件和液压油。

动力元件的作用是将原动机的机械能转换成液体的压力能，指液压系统中的油泵，它向整个液压系统提供动力。液压泵的结构形式一般有齿轮泵、叶片泵和柱塞泵。

执行元件（如液压缸和液压马达）的作用是将液体的压力能转换为机械能，驱动负载作直线往复运动或回转运动。

控制元件（即各种液压阀）在液压系统中控制和调节液体的压力、流量和方向。根据控制功能的不同，液压阀可分为压力控制阀、流量控制阀和方向控制阀。压力控制阀又分为溢流阀（安全阀）、减压阀、顺序阀、压力继电器等；流量控制阀包括节流阀、调整阀、分流集流阀等；方向控制阀包括单向阀、液控单向阀、梭阀、换向阀等。根据控制方式不同，液压阀可分为开关式控制阀、定值控制阀和比例控制阀。

液压工具包括液压扳手、液压扳手专用电动泵、液压千斤顶、液压螺栓拉伸器、液压法兰分离器、液压螺母破切器、液压拉马等。液压工具具有高效、便捷的优点，在世界各地已广泛用于钢铁、造船、电力、石油、化工、铁路、冶金、桥梁建筑等工程维修及抢修作业，也大量服务于建筑破碎拆除、工程建设、筑路、水利等施工场合。

1 分离式液压拉模器（三爪液压拉模器）

分离式液压拉模器是拆卸紧固在轴上的皮带轮、齿轮、法兰盘、轴承等的工具，由手动（或电动）油泵及三爪液压拉模器两部分组成。

a

b

气动工具 [9] 液压工具

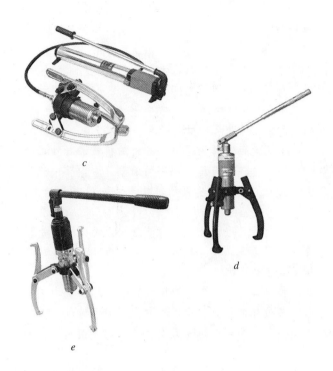

c

d

e

2 液压弯管机

液压弯管机用于把管子弯成一定弧度,多用于水、蒸汽、燃气、油等管路的安装和修理工作。当卸下弯管油缸时,可作分离式液压起顶机用。

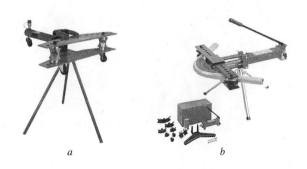

a　　　*b*

3 液压钢丝绳切断器

液压钢丝绳切断器是用于切断钢丝缆绳、起吊钢丝网兜、捆扎和牵引钢丝绳索等的专用工具。

a　　　*b*

4 液压扭矩扳手

液压扭矩扳手,适用一些大型设备的安装、检修作业,用以装卸一些大直径六角头螺栓副。其对扭紧力矩有严格要求,操作无冲击性。中空式扳手适用于操作空间狭小场合。有多种类型和型号,在使用时须与超高压电动液压泵站配合。

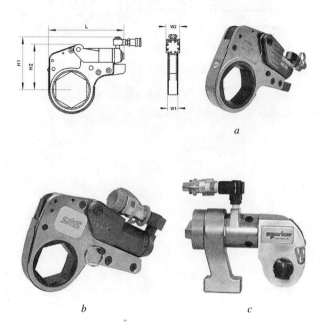

a

b　　　*c*

5 液压钳

液压钳,专供压接多股铝、铜芯电缆导线的接头或封端(利用液压作用力)。

a

b

c

74

[10] 其他工具

其他工具

1 金刚石玻璃刀

金刚石玻璃刀用于裁割平板玻璃和镜板。其前端金属头既起到固定金刚石的作用,又可以在切割玻璃后,用以轻轻敲击,使之沿划痕断开。

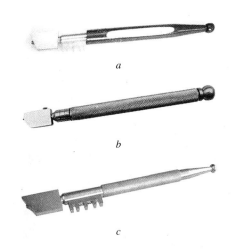

2 玻璃管割刀

玻璃管割刀供裁割玻璃管及玻璃棒用。其切割部位镶有金刚石或安装有金刚石砂轮片,玻璃管或玻璃棒在切割部位旋转后即形成割痕,以利断裂。

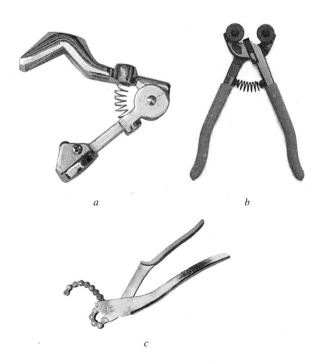

3 圆镜机

圆镜机专供裁割圆形平板玻璃和镜子等,其工作部位镶有金刚石,可沿横梁移动改变切割半径。

4 多用割刀

多用割刀装有高硬度刀片,可用于裁割玻璃、瓷砖和彩釉砖等材料。

5 钢丝刷

钢丝刷适用于各种金属表面的除锈、除污和打光等。

6 油灰刀

油灰刀,是油漆专用工具,分为软性和硬性两种。软性油灰刀富有弹性,适用于调漆、抹油灰;硬性油灰刀适用于铲漆。

其他工具 [10]

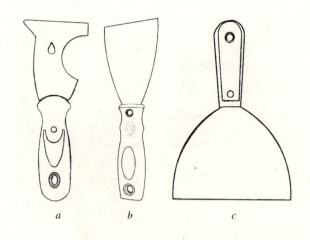

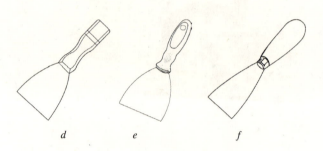

9 喷漆枪

喷漆枪用于把油漆等涂料喷涂在机械、器具及零部件等各种制品表面。小型的一般人力充气，大型的以压缩空气作为喷射动力。

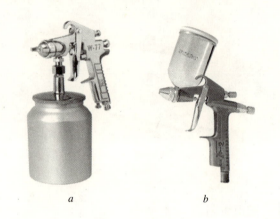

7 羊毛排笔

羊毛排笔可用于清理、涂刷等操作。

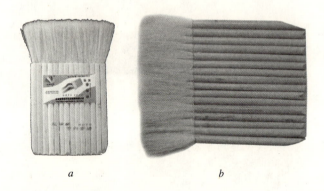

10 喷笔

喷笔，是将涂料呈雾状喷出，用以绘画、着色的工具，常用于在模型、雕刻品和翻拍的照片上喷涂颜料或银浆。

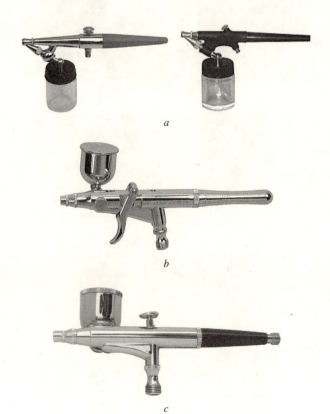

8 漆刷

漆刷主要供涂刷涂料用，也可用于清扫机器、仪器等表面。

[10] 其他工具

11 打气筒

打气筒，主要是给自行车轮胎、气筏、球类等打气，也能为小型喷漆枪、喷笔等供气。

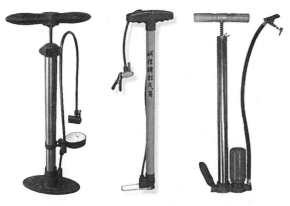

a 一般自行车打气筒

b 迷你自行车打气筒

c 脚踏打气筒

d 气囊打气筒

12 钢丝打包机

钢丝打包机专供用低碳镀锌钢丝或低碳黑钢丝捆扎货箱或包件之用，可收紧钢丝，并使接头处绕缠打结。

a

b

13 钢带打包机

钢带打包机专供货箱或包件钢带包扎用，可收紧钢带、轧固接头搭扣。

a　　　　　　　*b*

其他工具 [10]

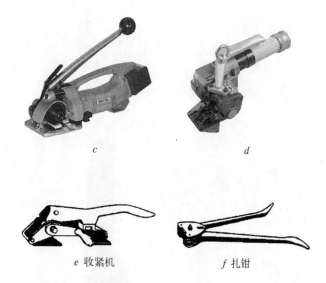

c　　　　　*d*

e 收紧机　　　*f* 扎钳

14 纸塑带打包机

纸塑带打包机专供用纸带或塑料带捆扎木箱、纸箱或包件用，可收紧带子，并将带子接头与钢皮搭扣轧牢连接在一起。

15 手泵

手泵用来抽吸大桶内的油液、水或其他液体。由金属或塑料制成，不适用于有腐蚀性的液体。

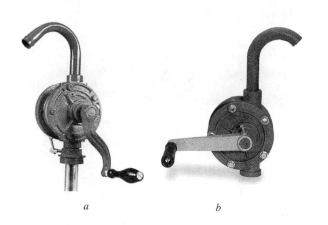

a　　　　　*b*

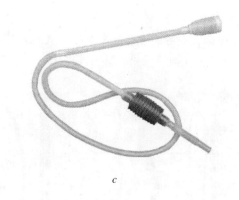

c

16 油壶

油壶用于手工加油、润滑、防锈、冷却等。

a　　　　　*b*

c　　*d*　　*e*　　*f*

17 可节刀

可节刀又称美工刀，适用于裁割各种纸质材料，如普通纸张、墙纸等。其最大的特点是刀尖用钝后，可截去前面一节，下一节如同新用时一样锋利。

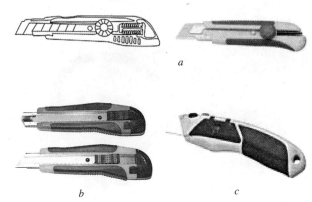

a

b　　　　　*c*

[10] 其他工具

18 多用途刀

多用途刀是带有多种功能的刀具,以瑞士军刀最为著名。

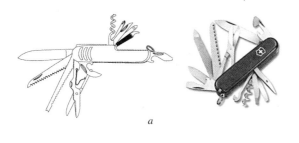
a

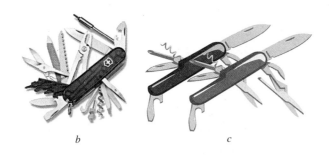
b　　　　　　　c

d　　　　　　　e

多种形式的瑞士军刀

19 日用剪刀

与前述各种产业用剪刀相同,它是通过两片相互重叠交叉刀刃的剪切作用来剪切纸张、布料等的工具。根据所剪材料强度不同,有多种形式和种类。

其中图 a 为我国常用的传统剪刀。

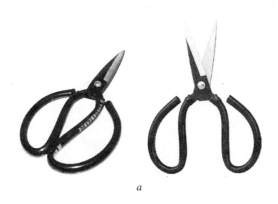
a

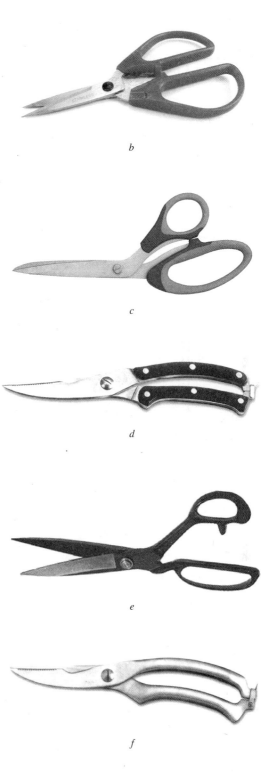
b

c

d

e

f

g

79

其他工具 [10]

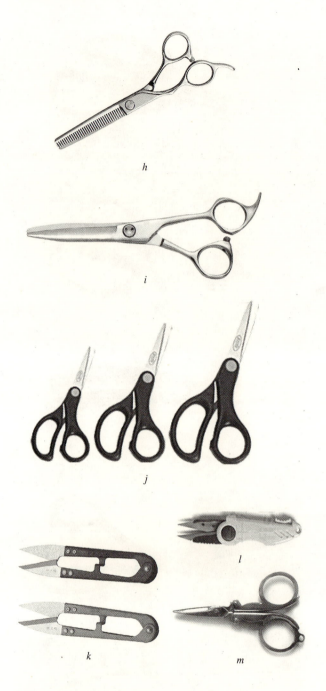

21 手提式锯片机
手提式锯片机适用于楼宇建筑、水工装修工程各类型磁片、锦砖、彩釉地砖及玻璃等切割。

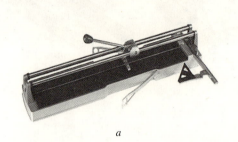

22 钥匙开牙机
钥匙开牙机供修配行业铣制钥匙的牙花用。

20 商品标价机
商品标价机用于把成卷的空白不干胶标价带打上价格后分成小段逐一粘贴在商品上。

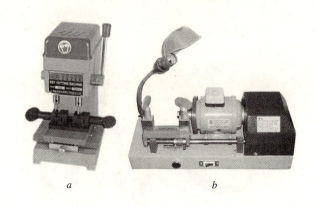

[11] 机器设备

机器设备是指由金属或其他材料制成的若干零部件装配而成，在一种或几种动力驱动下，能够完成生产、加工、运行等功能，或产生某种效用的装置。

1. 机器设备的基本构造

典型的机器设备主要由原动机部分、传动部分、控制部分、工作部分等四大部分组成。随着科学技术发展和社会的进步，机器设备从技术原理、产品结构到外观形态都在不断的创新，各种先进的机器设备层出不穷。

2. 机器设备的分类

机器设备种类繁多，应用领域广泛，正在朝着高性能、高效率、自动化、信息化、智能化、人性化的方向发展。

机器设备的分类方法及相关说明如下。

分类方法		
按设备在生产中的作用分	生产工艺类设备	直接改变产品原材料、零部件的物理状况或化学性能，使其成为半成品或成品的设备。如各种金属切削机床、铸锻焊设备、热处理设备等
	辅助生产设备	保证生产工艺设备完成生产任务的二线设备。如吊装设备、操作机等
	服务设备	用以服务生产的设备，例如通信设备、计算机、测试用仪器、仪表等
按设备的技术性特点分	通用机器设备	通用性强、加工功能或使用范围广泛的设备，如各类通用机床、空压机等
	专用机器设备	专用设备具有明显的行业特点，工程技术要求也有较大差异。这类机器设备在企业机器设备类中占的比重较大，对企业生产效率和产品质量有很大影响。如轴承加工专用机床、凸轮加工机床等
	非标准设备	非标准设备指各种各样的非国家定型设备，一般是根据企业需要自制或委托加工制造的
按设备的自动化程度分	自动化设备	自动化较高的设备，如数控机床、机器人等
	半自动化设备	自动化程度相对较低，必须有人进行辅助操作的设备，例如半自动机床等
	其他设备	必须依靠人来操作的设备，例如手动吊车、铲车等

3. 机器设备发展史

现代意义上的机器设备诞生于工业革命时代。工业革命，又称产业革命或者第一次工业革命，它是工业化早期，即资本主义生产从工场手工业向机器大工业过渡的阶段。工业革命是以机器取代人力，以大规模工厂化生产取代个体工场手工生产的一场生产与科技革命。由于机器的发明及运用成为这个时代的标志，因此历史学家称这个时代为"机器时代"(the Age of Machines)。

工业革命发生在18世纪中叶的英格兰中部地区，当时英国人詹姆斯·瓦特（James Watt）成功改良蒸汽机，其后由一系列技术革命引起了从手工劳动向动力机器生产转变的重大飞跃。工业革命随后传播到英格兰及整个欧洲大陆，19世纪又传播到北美地区。在瓦特改良蒸汽机之前，整个生产所需动力均依靠人力和畜力。伴随蒸汽机的发明和改进，很多以前依赖人力与手工完成的工作都被机械生产取代。工业革命是一般政治革命不可比拟的巨大变革，其影响涉及人类社会生活的各个方面，使人类的社会生产力空前提高，对人类的现代化进程产生了巨大推动作用。

第二次工业革命诞生于19世纪最后30年和20世纪初。科学技术的进步和工业生产的发展使世界由"蒸汽时代"进入"电气时代"。在这一时期里，一些发达资本主义国家的工业总产值超过了农业总产值；工业重心由轻纺工业转为重工业，出现了电气、化学、石油等新兴工业部门。发电机、电动机的相继发明，以及远距离输电技术的出现，使电气工业迅速发展起来，电力在生产和生活中得到广泛的应用。内燃机的出现及广泛应用，为汽车和飞机工业的发展提供可能，也推动了石油工业的发展。化学工业是这一时期新出现的工业部门，人们开始从煤炭中提炼氨、苯、人造燃料等化学产品，塑料、绝缘物质、人造纤维、无烟火药也相继发明并投入生产和使用。原有的工业部门如冶金、造船、机器制造以及交通运输、电讯等部门的技术革新加速进行。

第三次工业科技革命，是人类文明史上继蒸汽技术革命和电力技术革命之后科技领域的又一次重大飞跃。它以原子能、电子计算机和空间技术的广泛应用为主要标志，涉及信息技术、新能源技术、新材料技术、生物技术、空间技术和海洋技术等诸多领域。这次科技革命不仅极大地推动了人类社会经济、政治、文化领域的变革，而且也影响了人类生活方式和思维方式，使人类社会生活和人的现代化向更高境界发展。正是从这个意义上讲，第三次科技革命是迄今为止人类历史上规模最大、影响最为深远的一次科技革命，是人类文明史上不容忽视的一个重大事件。

机器设备 [11]

三次工业革命使人类社会发生了翻天覆地的变化，生产力获得前所未有的提高，生产对象和成果范围不断扩大。随着技术的快速发展，新的生产领域和新的需求促使新的机器设备不断产生，其功能、生产效率大大提高。

4. 机器设备的设计要点

机器设备的设计与制造有如下基本要求：

①注重功能效率

使用机器的目的就是为了提高生产效率，因此功能效率自然是机器设备设计的出发点和重要目标。为此，在设计与制造的过程中，应根据用户的功能需求，在考虑成本的前提下，尽可能采用新技术、新材料、新工艺。

②注重安全性

尽管自动化技术的发展使很多工作可以由机器完成，但生产工作并不能完全脱离人类进行，机器还需要人类操作、协助才能完成工作，而由于生产过程中情况复杂，所以常有人为因素和设计上的原因导致意外事件发生，所以机器设计的安全性是其设计的基本要求。

③注重人机工学

当第一次工业革命取得辉煌成功后，工业技术在很长一段时间为人类所崇拜，致使机器的设计出现了要求"人适应机器"的倾向。然而人不是机器，由于人机关系处理不当，操作界面不明确，常导致生产效率和人的身心健康受到影响，甚至导致严重意外和事故发生。随着人类思想的进步和人机工学的发展，"以人为本"的设计思想越来越被重视，注重机器设备的人机工学问题也成为设计的一大趋势。

④标准化、系列化、集成化

经济的高速发展，全球化的迅速扩张，产品的生产销售以及使用流通，要求机器设备的规格、技术实现标准化、系列化及集成化，以便使用者在各地购买产品及其零部件时容易匹配，并使整个生产、消费、再生产的产业链进一步整合，从而提高生产效率，降低生产成本。

⑤维修便利、注重工业设计、形成品牌形象

机器设备的生产销售已形成成熟的市场，产品的市场竞争也愈来愈激烈。生产机器设备的厂家要保持和取得更多的市场份额，除了争取技术上的优势，注重产品维修与售后服务的便利快捷外，还必须注重产品的工业设计，力求产品形态简洁，便于操作，具有表现产品功能与科技感、体现人文精神和时代特征的审美性，树立自身产品的品牌形象。

⑥重视绿色设计，关注环境保护

当今时代，环境保护、节能减排已成为全人类共同关注的焦点，在工具及机器设备的设计过程中也要充分考虑到这一点。为此设计师、工程技术人员应力求使产品在生产及使用过程过程中降低材料与能源的消耗，减少对环境的污染。此外，当产品完成其整个生命周期之后，还应充分考虑废弃产品的回收再利用，尽可能减少对环境的不良影响。

金属切削加工设备　　[12] 机械制造加工设备

类别	简述
金属切削加工设备	金属切削加工设备是一种用切削方法加工金属零件的工作机械及装备。它是制造机器的机器，因此又称工作母机，习惯上将其简称为机床
金属成型加工设备	金属的压力加工是指借助外力作用使金属坯料（加热的或者不加热的）发生塑性变形，成为所需尺寸和形状的毛坯或零件的工艺方法。这类加工设备统称为金属压力加工设备
焊接与切割机设备	焊接设备是实现焊接工艺（通过加热、加压，使两工件产生原子间结合的加工工艺和连接方式）的装备，包括焊机、焊接工艺装备和焊接辅助器具。切割机设备是机械加工中板材切割的常用设备，主要有半自动切割和数控切割两种方式
特种加工设备	特种加工亦称"非传统加工"或"现代加工方法"，泛指用电能、热能、光能、电化学能、化学能、声能及特殊机械能等能量达到去除或增加材料的加工方法，从而实现材料被去除、变形、改变性能或被镀覆等

金属切削加工设备

金属切削加工设备是指用切削方法加工金属零件的工作机械及装备。它是制造机器的机器，因此又称工作母机，习惯上将其简称为机床。

现代机器制造业的加工方法包括铸造、锻造、焊接、切削加工和各种特种加工等，其中切削加工（相对于铸、锻、焊等加工方法，切削加工又被称为冷加工）是将金属毛坯加工成具有一定形状、尺寸和表面质量的零件的主要加工方法，尤其是在加工精密零件时，目前主要依靠切削加工来达到所需的加工精度和表面质量的要求。所以金属切削机床是加工机器零件的主要设备，它所担负的工作量在一般机械制造厂中约占机器制造总量的40%～60%，直接影响到机器制造业的产品质量和劳动生产率。

机床工业为各种类型的机械制造厂提供先进的制造技术与优质高效的工艺装备，即为工业、农业、交通运输业、石油化工、矿山冶金、电子、科研、兵器和航空等产业提供各种机器、仪器和工具，因而直接关系到制造业的生产能力和工艺水平的提高。正因为如此，机床工业对国民经济各部门的发展和社会进步均起着重要的作用。它反映一个国家制造业的技术水平，是衡量这个国家的工业生产能力和科技水平的重要标志之一。

金属切削机床包括车床、铣床、刨床、插床、磨床、钻床、镗床、齿轮加工机床等种类，现分别加以介绍如下。

设备名称	简述
车床	主要是用车刀对旋转的工件进行车削加工的机床。车床主要用于加工轴、盘、套类和其他具有回转表面的工件，是机械制造和修配工厂中使用最广的一类机床
铣床	是指铣刀对工件进行铣削加工的机床。铣床除能铣削平面、沟槽、轮齿、螺纹和花键轴外，还能加工比较复杂的型面，效率较刨床高，在机械制造和修理部门应用广泛
刨床、插床	刨床是用刨刀对工件的平面、沟槽或成形表面进行刨削的机床。插床与刨床在工作原理上相似，是利用插刀的竖直往复运动插削键槽和型孔的机床
磨床	是利用磨具对工件表面进行磨削加工的机床
砂轮机	用来刃磨各种刀具、工具的常用设备
钻床	指主要用钻头在工件上加工孔的机床
镗床	主要是用镗刀在工件上镗孔的机床。通常，镗刀旋转为主运动，镗刀的直线移动为进给运动，使用不同的刀具和附件还可进行钻削、铣削、切削螺纹及加工外圆和端面等。它的加工精度和表面质量要高于钻床
齿轮加工机床	加工各种圆柱齿轮、锥齿轮和其他带齿零件齿部的主要设备
螺纹加工机床	加工型面工件（包括蜗杆、滚刀等）的专门化机床，主要用于机器、刀具、量具、标准件和日用器具等制造业
拉床	用拉刀作为刀具，加工工件的平面、通孔、键槽和成形表面的机床
锯床	以圆锯片、锯带或锯条等为刀具，锯切金属圆料、方料、管料和型材等的机床
组合机床	以通用部件为基础，配以少量按工件特定形状和加工工艺设计的专用部件和夹具（见机床夹具）而组成的半自动或自动专用机床
特种加工机床	利用电能、电化学能、光能及声能等进行加工的设备
数控加工中心	备有刀库并能自动更换刀具对工件进行多工序加工的数字控制机床

1. 车床

车床主要是用车刀对旋转的工件进行车削加工的机床。在车床上还可用钻头、扩孔钻、铰刀、丝锥、板牙和滚花工具等进行相应的加工。车床主要用于加工轴、盘、套类等具有回转表面的工件，是使用最广的一类机床。

车床的分类

车床的种类繁多，按照用途和结构及用途和功能等不同的分类方法，车床的分类如下表所示：

分类方法	类别	简述
按用途和结构分		主要分为卧式车床和落地车床、立式车床、转塔车床、单轴自动车床、多轴自动和半自动车床、仿形车床及多刀车床和各种专门化车床，如凸轮轴车床、曲轴车床、车轮车床、铲齿车床等。在所有车床中，以卧式车床应用最为广泛

机械制造加工设备 [12] 金属切削加工设备

续表

分类方法	类别	简述
按用途和功能分	普通车床	加工对象广,主轴转速和进给量的调整范围大,能加工工件的内外表面、端面和内外螺纹
	转塔车床和回转车床	具有可安装多把刀具的转塔刀架或回轮刀架,能在工件的一次装夹中由工人依次使用不同刀具完成多种工序,适用于成批生产
	自动车床	按一定程序自动完成中小型工件的多工序加工,能自动上下料,重复加工一批同样的工件,适用于大批量生产
	多刀半自动车床	有单轴、多轴、卧式和立式之分。单轴卧式的布局形式与普通车床相似,但两组刀架分别装在主轴的前后或上下,用于加工盘、环和轴类工件,其生产率比普通车床提高3~5倍
	仿形车床	能仿照样板或样件的形状尺寸,改变切削刀具的运动轨迹,自动完成工件的加工循环(见仿形机床),适用于形状较复杂的工件的小批和成批生产,生产率比普通车床高10~15倍。有多刀架、多轴、卡盘式、立式等类型
	立式车床	主轴垂直于水平面,工件装夹在水平的回转工作台上,刀架在横梁或立柱上移动。适用于加工较大、较重、难于在普通车床上安装的工件,分单柱和双柱两大类
	铲齿车床	根据齿轮加工的要求,在车削的同时,刀架周期地做径向往复运动,用于铲车铣刀、滚刀等的成形齿面
	专用车床	又称专门化车床,它区别于普通车床,主要用于加工某类工件特定表面的车床,有利于提高工作效率
	联合车床	主要用于车削加工,但附加一些特殊部件和附件后还可进行镗、铣、钻、插、磨等加工,具有"一机多能"的特点,适用于工程车、船舶或移动修理站上的修配工作

按用途和结构的不同,车床主要分为:卧式车床和落地车床、立式车床、转塔车床、单轴自动车床、多轴自动和半自动车床、仿形车床及多刀车床和各种专门化车床,如凸轮轴车床、曲轴车床、车轮车床、铲齿车床等。在所有车床中,以卧式车床应用最为广泛。近年来,计算机技术被广泛运用到机床制造业,随之出现了数控车床、车削加工中心等机电一体化的先进产品。

按用途和功能区别,车床可分为以下类型:

1 普通车床

加工对象广,主轴转速和进给量的调整范围大,能加工工件的内外表面、端面和内外螺纹。这种车床主要由工人手工操作,生产效率低,适用于单件、小批量生产和修配车间。根据加工工件尺寸大小和需要,普通车床也有多种规格和型号。

主要组成部件有主轴箱、进给箱、溜板箱、刀架、尾架、光杠、丝杠和床身。

主轴箱又称床头箱,它的作用是将主电机传来的旋转运动经过变速机构,使主轴得到正反向的不同转速,同时从主轴箱分出部分动力将运动传给进给箱。

进给箱又称走刀箱,其中装有进给运动的变速机构,调整变速机构,可得到所需的进给量或螺距,通过光杠或丝杠将运动传至刀架以进行切削。

丝杠与光杠是用以连接进给箱与溜板箱,并把进给箱的运动和动力传给溜板箱,使溜板箱获得纵向直线运动。丝杠在车削各种螺纹时使用;进行工件的其他表面车削时,只用光杠,不用丝杠。

溜板箱是车床进给运动的操纵箱,内装有将光杠和丝杠的旋转运动变成刀架直线运动的机构,通过光杠传动实现刀架的纵向进给运动、横向进给运动和快速移动,通过丝杠带动刀架做纵向直线运动,以便车削螺纹。

床身与尾架。床身安装于机床底座上,是安装主轴箱等零部件的主要构件;尾架用以安装钻具加工圆孔,或安装顶尖支承细长轴零件加工外圆面。

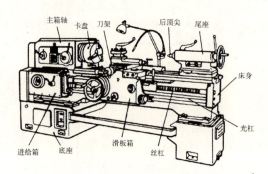

a 普通车床组成部件

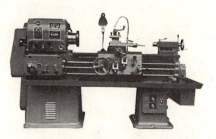

b 小型普通车床

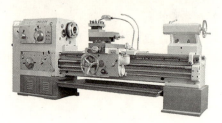

c 中型普通车床

金属切削加工设备　[12] 机械制造加工设备

d 大型落地车床

2 转塔车床和回转车床

具有可安装多把刀具的转塔刀架或回轮刀架，能在工件的一次装夹中由工人依次使用不同刀具完成多种工序的车床，生产效率高，适用于成批生产。

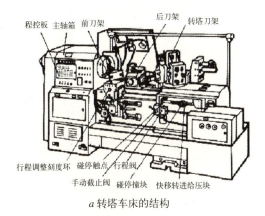

a 转塔车床的结构

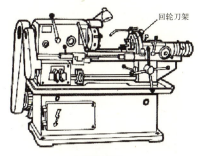

b 回轮车床

3 自动车床

按一定程序自动完成中小型工件的多工序加工，能自动上下料，重复加工一批同样的工件，适用于大批量生产。根据被加工零件的不同，自动车床有许多种类和型号。

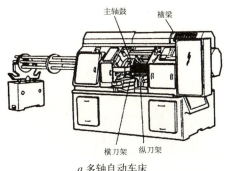

a 多轴自动车床

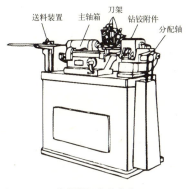

b 单轴纵切自动车床

4 多刀半自动车床

有单轴、多轴、卧式和立式之分。单轴卧式的布局形式与普通车床相似，但两组刀架分别装在主轴的前后或上下，用于加工盘、环和轴类工件，其生产率比普通车床提高3～5倍。

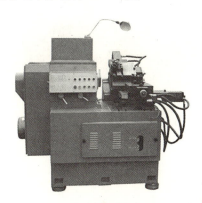

a 多刀半自动车床

b 轴承内沟道多刀半自动车床

c 数控多刀半自动车床

机械制造加工设备 [12] 金属切削加工设备

5 仿形车床

能仿照样板或样件的形状尺寸，改变切削刀具的运动轨迹，自动完成工件的加工循环（见仿形机床），适用于形状较复杂的工件的小批和成批生产，生产率比普通车床高 10～15 倍。有多刀架、多轴、卡盘式、立式等类型。

a 仿形车床

b 液压仿形车床

c 全防护型仿形车床

6 立式车床

主轴垂直于水平面，工件装夹在水平的回转工作台上，刀架在横梁或立柱上移动。适用于加工较大、较重、难于在普通车床上安装的工件，分单柱和双柱两大类。

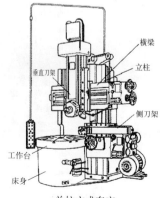

a 单柱立式车床

b 大型双柱立式车床

7 铲齿车床

根据齿轮加工的要求，在车削的同时，刀架周期性作径向往复运动，用于铲车铣刀、滚刀等的成形齿面。通常带有铲磨附件，由单独电动机驱动小砂轮铲磨齿。

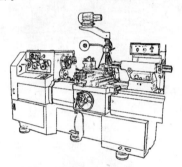

a 普通铲齿车床

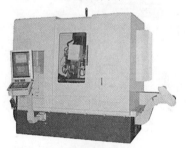

b 数控铲齿车床

8 专用车床

又称专门化车床。它区别于普通车床，主要用于加工某类工件特定表面的车床，有利于提高工作效率。专用车床种类较多，常见的有曲轴车床、凸轮轴车床、车轮车床、车轴车床、轧辊车床和钢锭车床等。

a 曲轴车床

金属切削加工设备　[12] 机械制造加工设备

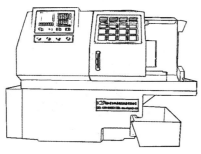

b 凸轮轴车床

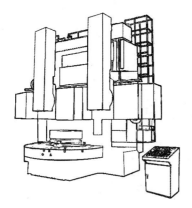

c 车轮车床

9 联合车床

主要用于车削加工，但附加一些特殊部件和附件后还可进行镗、铣、钻、插、磨等加工，具有"一机多能"的特点，适用于工程车、船舶或移动修理站上的修配工作。

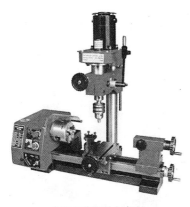

a 小型多功能联合车床

b 多功能联合车床

2. 铣床

铣床是指用铣刀对工件进行铣削加工的机床。铣床除能铣削平面、沟槽、轮齿、螺纹和花键轴外，还能加工比较复杂的型面，效率较刨床高，在机械制造和修理部门应用广泛。

铣床的种类很多，其分类情况见下表：

分类方法	类别	简述
按其结构分	台式铣床	用于铣削仪器、仪表等小型零件的小型铣床
	悬臂式铣床	铣头装在悬臂上的铣床。床身水平布置，悬臂通常可沿床身一侧立柱导轨作垂直移动，铣头沿悬臂导轨移动
	滑枕式铣床	主轴装在滑枕上的铣床。床身水平布置，滑枕可沿滑鞍导轨作横向移动，滑鞍可沿立柱导轨作垂直移动
	龙门式铣床	床身水平布置，其两侧的立柱和连接梁构成门架的铣床。铣头装在横梁和立柱上，可沿其导轨移动。通常横梁可沿立柱导轨垂向移动，工作台可沿床身导轨纵向移动。用于大件加工
	平面铣床	用于铣削平面和成型面的铣床。床身水平布置，通常工作台沿床身导轨纵向移动，主轴可轴向移动。结构简单，生产效率高
	仿形铣床	对工件进行仿形加工的铣床。一般用于加工复杂形状工件
	升降台铣床	具有可沿床身导轨垂直移动的升降台的铣床。通常安装在升降台上的工作台和滑鞍可分别作纵向、横向移动
	摇臂铣床	摇臂装在床身顶部，铣头装在摇臂一端，摇臂可在水平面内回转和移动，铣头能在摇臂的端面上回转一定角度的铣床
	床身式铣床	工作台不能升降，可沿床身导轨作纵向移动，铣头或立柱可作垂直移动的铣床
	专用铣床	用于铣削工具模具的铣床，加工精度高，加工形状复杂
按布局形式和适用范围分	升降台铣床	有万能式、卧式和立式等，主要用于加工中小型零件，应用最广
	龙门铣床	包括龙门铣镗床、龙门铣刨床和双柱铣床，均用于加工大型零件
	单柱铣床和单臂铣床	前者的水平铣头可沿立柱导轨移动，工作台作纵向进给；后者的立铣头可沿悬臂导轨水平移动，悬臂也可沿立柱导轨调整高度。两者均用于加工大型零件
	工作台不升降铣床	有矩形工作台式和圆工作台式两种，是介于升降台铣床和龙门铣床之间的一种中等规格的铣床。其垂直方向的运动由铣头在立柱上升降来完成
	仪表铣床	一种小型的升降台铣床，用于加工仪器仪表和其他小型零件
	工具铣床	用于模具和工具制造，配有立铣头、万能角度工作台和插头等多种附件，还可进行钻削、镗削和插削等加工
	其他铣床	如键槽铣床、凸轮铣床、曲轴铣床、轧辊轴颈铣床和方钢锭铣床等，是为加工相应的工件而制造的专用铣床
按控制方式分		分为仿形铣床、程序控制铣床和数字控制铣床

机械制造加工设备 [12] 金属切削加工设备

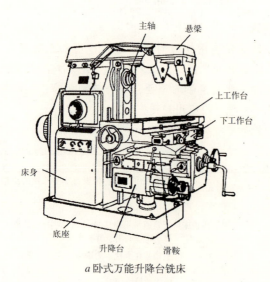

a 卧式万能升降台铣床

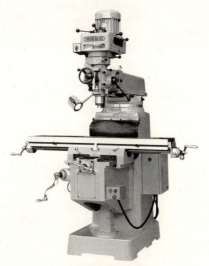

b 立式升降台铣床

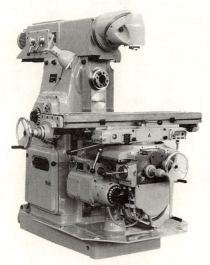

c 万能立式铣床

d 数控铣床

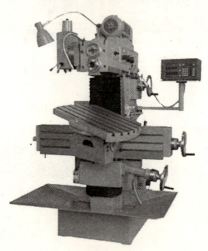

e 万能工具铣床

f 数控龙门铣床

3. 雕刻机

雕刻机是一种数控钻铣组合加工机器,其优势在于用小刀具进行快速铣削,可在短时间内雕刻产品、模具。目前该设备除用于金属切削加工业外,还广泛应用于广告业、工艺业、模型加工业、建筑业、印刷包装也、木工业、装饰业等行业。

金属切削加工设备　[12] 机械制造加工设备

电脑雕刻机分为大功率和小功率两类。小功率的只适合做双色板、建筑模型、产品模型、小型标牌、三维工艺品等；大功率雕刻机可以用于金属材料的雕刻加工，更适合做非金属材料大型工件切割、浮雕、雕刻。

雕刻材料有：亚克力有机板、PVC 板、芙蓉板、双色板、木工板、密度板、大理石、防火板、橡胶板、玻璃等。

e 重型石材雕刻机

a 双机头雕刻机

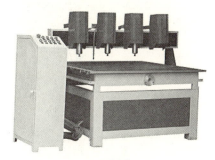

b 多头雕刻机

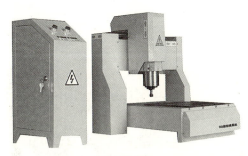

f 线路板雕刻机

4. 刨床、插床

刨床是用刨刀对工件的平面、沟槽或成形表面进行刨削的机床。刨床主要有牛头刨床、龙门刨床和单臂刨床等。

牛头刨床由滑枕带着刀架作直线往复运动，工件被夹持在工作台上作进给运动。

龙门刨床由工作台带着工件通过龙门框架作直线往复运动，通过门架横梁上的刀具进行刨削加工。

单臂刨床与龙门刨床的区别是只有一个立柱，故适用于宽度较大而又不需在整个宽度上加工的工件。因工件加工的需要，在龙门刨床的横梁刀架上安装用以磨削的磨头附件，也可以用来对大型工件的表面进行磨削加工。

c 木工雕刻机

d 泡沫汽车模型雕刻机

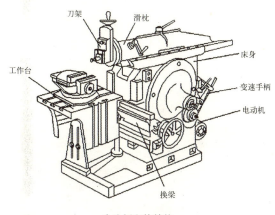

a 牛头刨床的结构

机械制造加工设备 [12] 金属切削加工设备

插床与刨床在工作原理上相似，是利用插刀的竖直往复运动插削键槽和型孔的机床。插床一般用于插削单件、小批生产的工件，有普通插床、键槽插床、龙门插床和移动式插床等几种。故适于加工大型零件（如螺旋桨）孔中的键槽。普通插床的滑枕带着刀架作上下往复的主运动，装有工件的圆工作台可利用上、下滑座作纵向、横向和回转进给运动。

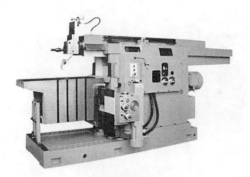

b 普通牛头刨床

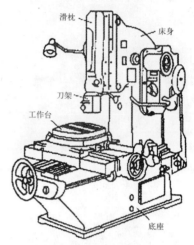

a 普通插床的结构

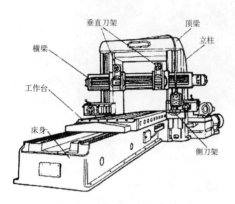

c 龙门刨床的结构

d 龙门刨床

b 普通机械插床

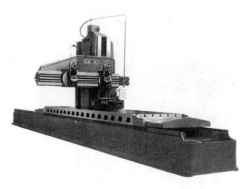

e 单臂刨床

c 液压插床

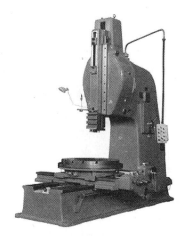

d 键槽插床

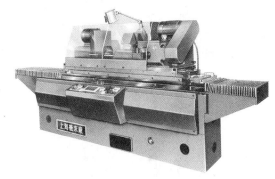

b 半自动外圆磨床

5. 磨床

磨床是利用磨具对工件表面进行磨削加工的机床。大多数磨床都采用高速旋转的砂轮进行磨削，少数使用油石、砂带等其他磨具和游离磨料进行加工，如珩磨机、超精加工机床、砂带磨床、研磨机和抛光机等。磨床能加工硬度较高的材料如淬硬钢、硬质合金等，也能加工脆性材料如玻璃、石材等。磨床能完成高精度（尺寸精度和形状精度均以 μm 计）和表面粗糙度很小（$Ra0.08 \sim 0.01\mu m$）的磨削，也能进行高效率磨削，如强力磨削等。

磨床是各类金属切削机床中品种最多的一类。主要类型有外圆、内圆、平面、无心、工具磨床等。

1 外圆磨床

使用很广，采用微处理机的数字控制和适应控制，能加工各种圆柱形和圆锥形外表面及轴肩端面。万能型磨床还带有内圆磨削附件，可磨削内孔和锥度较大的内、外锥面，自动化程度较低，适用于中小批单件生产和修配工作。

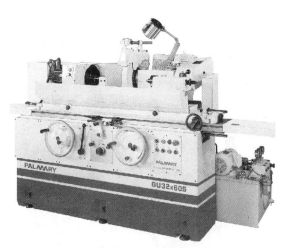

c 高精度万能外圆磨床

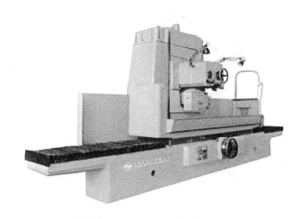

d 数控外圆磨床（1920 年前后）

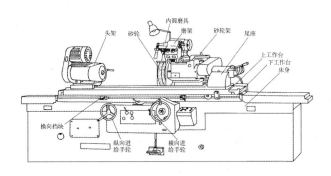

a 万能外圆磨床的结构

2 内圆磨床

砂轮主轴转速很高，可磨削圆柱、圆锥形内孔表面。普通式仅适于单件、小批生产；自动和半自动式的除工作循环自动进行外，还可在加工中自动测量，大多用于大批量生产中。

机械制造加工设备 [12] 金属切削加工设备

a 普通内圆磨床

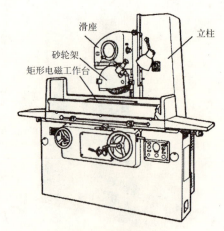

a 卧轴矩台平面磨床的结构

b 立式数控内圆磨床

b 卧轴矩台平面磨床

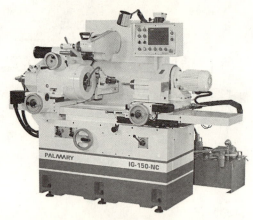

c 卧式数控内圆磨床

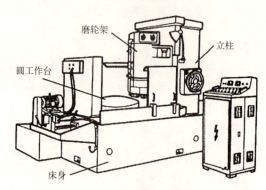

c 立轴圆台平面磨床的结构

3 平面磨床

工件夹紧在工作台上或安装在电磁工作台上靠电磁吸住,用砂轮的周边或端面磨削工件的平面。

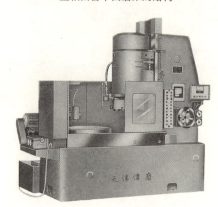

d 立轴圆台平面磨床

4 无心磨床

无心磨床是不需要用顶尖或卡盘定心和支承工件的轴心而施行磨削的一种磨床。无心磨床主要由磨削砂轮、调整轮和工件支架三个机构构成，其中磨削砂轮实际担任磨削的工作，调整轮控制工件的旋转，并使工件发生进刀速度。该设备生产效率较高，易于实现自动化，常用在大批量生产中。

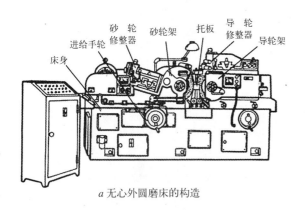

a 无心外圆磨床的构造

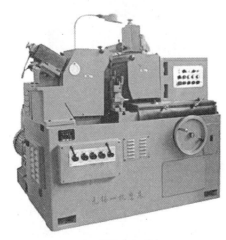

b 无心外圆磨床（1）

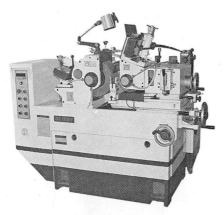

c 无心外圆磨床（2）

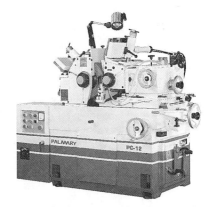

d 无心外圆磨床（3）

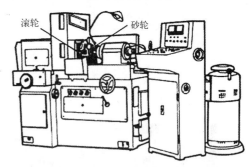

e 无心内圆磨床结构

f 无心内圆磨床

5 工具磨床

专门用于工具制造和刀具刃磨的磨床，有立式与台式两类，包括万能工具磨床、钻头刃磨床、拉刀刃磨床、工具曲线磨床等。多用于工具制造厂和机械制造厂的工具车间。

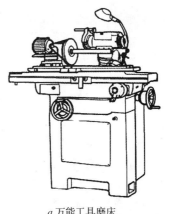

a 万能工具磨床

机械制造加工设备 [12] 金属切削加工设备

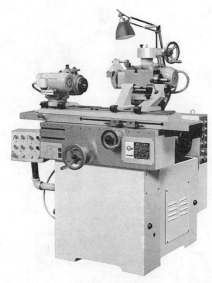

b 立式万能工具磨床

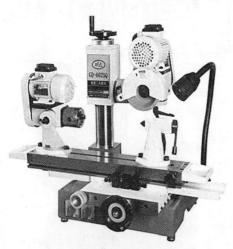

c 台式工具磨床

d 台式旋转工具磨床

a 双头砂带磨床

b 立式砂带磨床

c 金属拉丝砂带磨床

d 金属板砂带磨床

6 砂带磨床

以快速运动的砂带作为磨具，工件由输送带支承，效率比其他磨床高数倍，功率消耗仅为其他磨床的几分之一。主要用于加工大尺寸板材、耐热难加工材料和大量生产的平面零件等。

金属切削加工设备 [12] 机械制造加工设备

7 专门化磨床

专门化磨床是对某一类零件如曲轴、凸轮轴、花键轴、导轨、叶片、轴承滚道及齿轮和螺纹等进行磨削的磨床。

a 大型导轨专用磨机

e 花键轴磨床

8 精整加工与超精密加工机床

精整加工：在精加工后进行，其目的是为了获得更小的表面粗糙度，并稍微提高精度。精整加工加工余量小，如珩磨、研磨、超精磨削等。

超精密加工：航天、激光、电子、核能等尖端技术领域中需要某些特别精密的零件，其精度高达 IT4 以上，表面粗糙度不大于 Ra 0.01μm。这就需要进行超精密加工，如镜面磨削、软磨粒机械化学抛光等，利用装在振动头上的细粒度油石对精加工表面进行的精整加工。

b 轴承内沟专用磨床

c 螺纹磨床

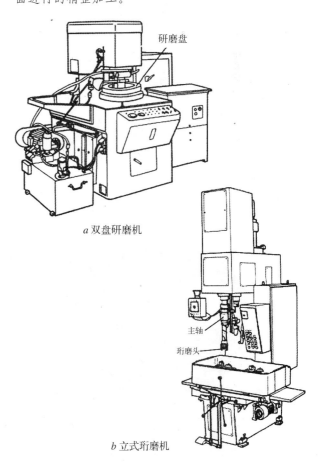

a 双盘研磨机

b 立式珩磨机

d 凸轮磨床

机械制造加工设备 [12] 金属切削加工设备

6. 砂轮机

砂轮机是用来刃磨各种刀具、工具的常用设备。轴端装有砂轮的主轴由电机直接驱动或通过胶带或软轴传动。砂轮架可用手持，也能进行高效率磨削，也可安装在基座上或悬挂在支架上。砂轮机一般只能作精度和表面粗糙度要求不高的磨削，通常用手持工件进行磨割工作。

常见的砂轮机有如下几种：

d 双向砂轮机

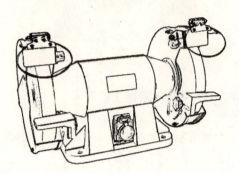

a 台式砂轮机结构图

e 带照明的小型砂轮机

b 立式砂轮机

c 便携式砂轮机

7. 钻床

钻床指主要是指用钻头在工件上加工孔的机床。通常钻头旋转为主运动，钻头轴向移动为进给运动。钻床结构简单，加工精度相对较低，可钻通孔、盲孔，更换特殊刀具，可扩、锪孔，铰孔或进行攻丝等加工。加工过程中工件不动，让刀具移动，将刀具中心对正孔中心，并使刀具转动。钻床的操作可以是手动，也可以是机动。

钻床主要有台式、立式和摇臂三种类型，不同类型的钻床适用于不同的加工工件要求，有不同的型号规格和款式。

1 台式钻床

钻孔一般在13mm以下，最小可加工0.1mm的孔，其主轴变速是通过改变三角带在塔型带轮上的位置来实现，主轴进给是手动的。

金属切削加工设备　[12] 机械制造加工设备

2 立式钻床

立式钻床的主轴不能在垂直其轴线的平面内移动，钻孔时要使钻头与工件孔的中心重合，就必须移动工件。因此，立式钻床只适合加工中小型工件。

a 普通台式钻床

b 轻型台式钻床

a 圆立柱立式钻床

b 方立柱立式钻床

c 立式钻床

c 升降工作台台钻

3 摇臂钻床

适用于加工大型工件和多孔工件，有一个能绕立柱作360°回转的摇臂，主轴箱、变速机构及钻具可沿摇臂运动到工件需要钻孔的位置进行加工。

97

机械制造加工设备 [12] 金属切削加工设备

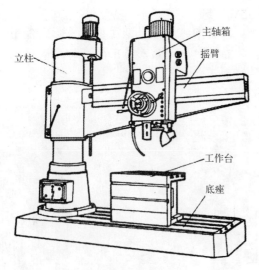

a 摇臂钻床结构图

d 可倾角摇臂钻床

8. 镗床

镗床主要是用镗刀在工件上镗孔的机床。通常镗刀旋转为主运动，镗刀的直线移动为进给运动，使用不同的刀具和附件还可进行钻削、铣削、切削螺纹及加工外圆和端面等工序。它的加工精度和表面质量要高于钻床。镗床是大型箱体零件加工的主要设备，其加工特点是加工过程中一般工件不动，让刀具移动，将刀具中心对正孔的中心，并使刀具转动（作主运动）加工。

镗床分为卧式镗床、落地镗铣床、金刚镗床和坐标镗床等类型。

1 卧式镗床

是在各类镗床中应用最多、性能最广的一种镗床，20世纪50年代又出现了落地镗铣床，既能镗孔又能铣削，故常称镗铣床。适用于单件小批生产和修理车间。

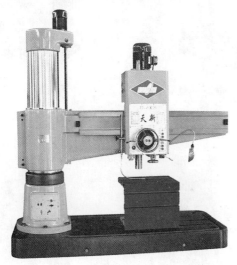

b 普通摇臂钻床

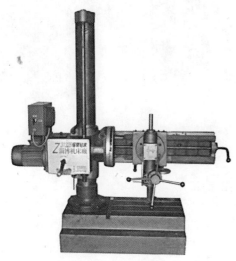

c 小型摇臂钻床

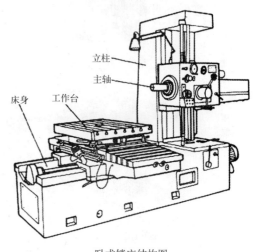

a 卧式镗床结构图

金属切削加工设备 [12] 机械制造加工设备

b 普通卧式镗床

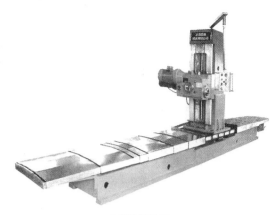

b 落地镗铣床

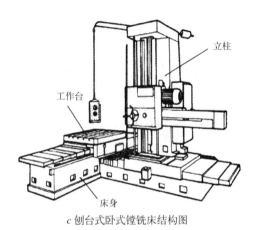

c 刨台式卧式镗铣床结构图

2 落地镗床和落地镗铣床

其特点是工件固定在落地平台上，适宜于加工尺寸和重量较大的工件，主要用于重型机械制造厂。

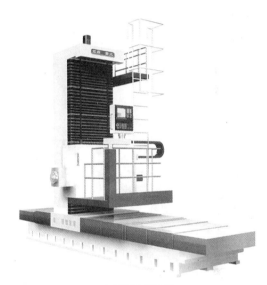

c 中型落地镗铣床

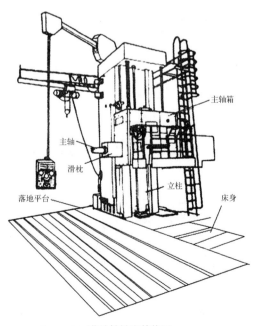

a 落地镗铣床结构图

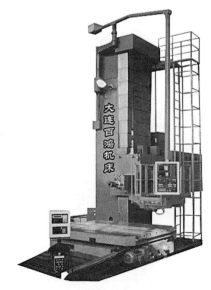

d 大型落地镗铣床

99

机械制造加工设备 [12]   金属切削加工设备

3 金刚镗床

使用金刚石或硬质合金刀具,以很小的进给量和很高的切削速度镗削精度较高、表面粗糙度较小的孔,主要用于大批量生产中。

4 坐标镗床

具有精密的坐标定位装置,适于加工形状、尺寸和孔距精度要求都很高的孔,还可用以进行划线、坐标测量和刻度等工作,用于工具车间和中小批量生产中。其主要产品品种有卧式坐标镗床、单柱坐标镗床、双柱坐标镗床。

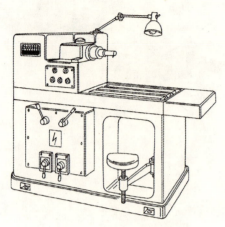

a 卧式单面金刚镗床

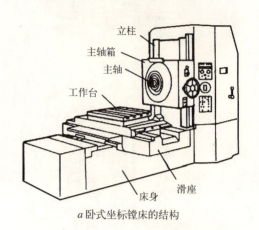

a 卧式坐标镗床的结构

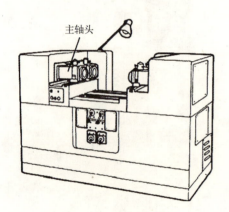

b 卧式双面金刚镗床

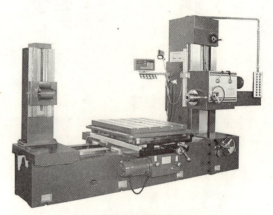

b 卧式坐标镗床

c 立式双面金刚镗床

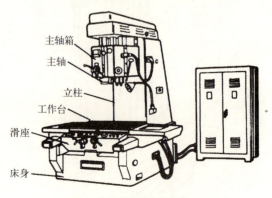

c 单柱坐标镗床的结构

金属切削加工设备　[12] 机械制造加工设备

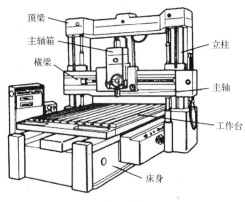

d 单柱坐标镗床

e 双柱坐标镗床

f 双柱坐标镗床

g 精密坐标镗床

9. 齿轮加工机床

齿轮加工机床是加工各种圆柱齿轮、锥齿轮和其他带齿零件齿部的主要设备。齿轮加工机床品种规格繁多，有加工几毫米直径齿轮的小型机床，也有加工十几米直径齿轮的大型机床，还有大量生产用的高效机床和加工精密齿轮的高精度机床。

齿轮是机械传动最常用的零件之一。齿轮加工机床广泛应用在汽车、拖拉机、机床、工程机械、矿山机械、冶金机械、石油、仪表、飞机和航天器等各种制造业中。

齿轮加工机床主要分为圆柱齿轮加工机床和锥齿轮加工机床两大类。圆柱齿轮加工机床主要用于加工各种圆柱齿轮、齿条、蜗轮。常用的有滚齿机、插齿机、铣齿机、剃齿机等。以下简单介绍各种齿轮加工机床。

1 滚齿机

主要用滚齿刀按展成法对直齿、斜齿、人字形齿轮和蜗轮等进行粗、精加工，其加工范围广，可达到高精度或高生产率。

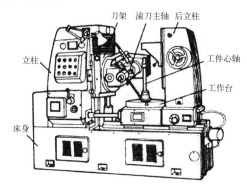

a 立式滚齿机（工作台移动）

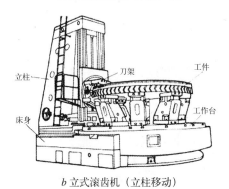

b 立式滚齿机（立柱移动）

c 大型卧式滚齿机

机械制造加工设备 [12] 金属切削加工设备

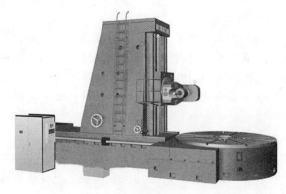

d 大型立式滚齿机

2 插齿机

用插齿刀按展成法加工直齿、斜齿和其他齿形件的机床，主要用于加工多联齿轮和内齿轮等。

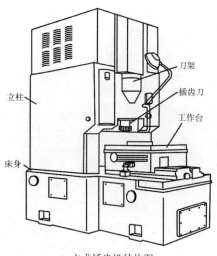

c 立式插齿机结构图

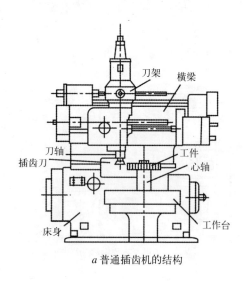

a 普通插齿机的结构

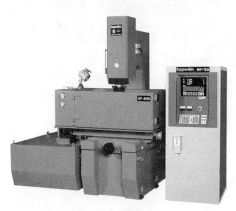

d 中型立式插齿机

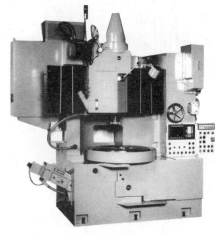

b 普通插齿机

e 数控插齿机

3 铣齿机

铣齿机是用成形铣刀按分度法加工齿轮一种高效机床，主要用于加工特殊齿形的弧齿锥齿轮、双曲线锥齿轮。

102

金属切削加工设备　[12] 机械制造加工设备

4 刨齿机

刨齿机是一种使用专用刨齿刀加工齿轮齿形的金属切削机床。对于直齿轮、锥齿轮刨齿机可加工直径小至5mm、模数为0.5mm，大到直径为900mm、模数为20mm的工件，适用于中小批量生产。直径大于900mm的直齿锥齿轮则在按靠模法加工的刨齿机上加工，最大加工直径可达5000mm。

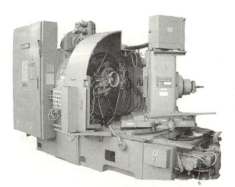

a 弧齿锥齿轮铣齿机

b 大型铣齿机

a 刨齿机

b 数控刨齿机

5 齿轮精加工机床

齿轮是机械传动的重要零件，其精度及齿面的表面粗糙度直接关系到传动精度、机器的工作平稳性与噪声等。因此在齿轮加工机床中还有剃齿机、磨齿机、挤齿机、齿轮研磨机等齿轮精加工机床。这里仅介绍剃齿机、磨齿机两种。

① 剃齿机。以齿轮状的剃齿刀作为刀具来精加工已经加工出的齿轮齿面，这种加工方法称为"剃齿"。剃齿机按螺旋齿轮啮合原理由刀具带动工件（或工件带动刀具）自由旋转对圆柱齿轮进行精加工，在齿面上剃下发丝状的细屑，以修正齿形和提高表面光洁度。

剃齿机适用于精加工未经淬火的齿轮，通常用于对预先经过滚齿或插齿的直齿或斜齿轮进行剃齿，加附件后还可加工内齿轮。被加工齿轮最大直径可达5m，但以500mm以下的中等规格剃齿机使用最广。

c 双刀盘铣齿机

d 大型落地铣齿机

机械制造加工设备 [12] 金属切削加工设备

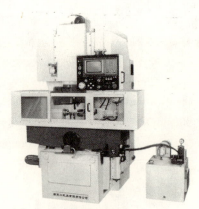

a 普通剃齿机

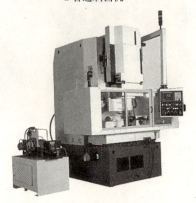

b 数控剃齿机

②磨齿机。是用砂轮精加工淬硬圆柱齿轮或齿轮刀具齿面的高精度机床。

a 小型磨齿机

b 数控磨齿机

10. 螺纹加工机床

螺纹加工机床是加工螺纹型面工件（包括蜗杆、滚刀等）的机床，主要用于机器、刀具、量具、标准件和日用器具等制造业。

螺纹加工机床根据加工螺纹的方法的不同可分为：①螺纹切削机床。如螺纹车床、螺纹铣床、螺纹磨床、攻丝机、套丝机等，其中螺纹车床、螺纹铣床和螺纹磨床用螺纹加工工具或砂轮加工各种精度的螺纹工件、螺纹刀具和螺纹量具，而攻丝机和套丝机则分别用特殊设计的丝锥和扳手加工成批大量生产的螺母和螺钉等；②螺纹滚压机床。用成形滚压模具使工件产生塑性变形以获得螺纹，如搓丝机、滚丝机等，生产率较高，适用于大批量生产标准紧固件和其他螺纹连接件的外螺纹。

a 螺纹切削机床

b 大型螺纹加工机床

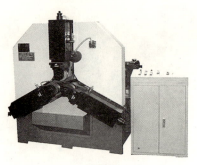

c 滚丝机

金属切削加工设备　[12] 机械制造加工设备

连续拉床，在德国制成双油缸立式内拉床，较多采用卧式布局，分为工件固定和拉刀固定两类。前者由链条带动一组拉刀进行连续拉削，1898年，适用于大型工件；后者由链条带动多个装有工件的随行夹具通过拉刀进行连续拉削，而没有进给运动。适用于中小型工件。

此外，适用于成批大量生产。还有齿轮拉床、内螺纹拉床、全自动拉床和多刀多工位拉床等。

d 搓丝机

e 管螺纹套丝机

a 卧式拉床

11. 拉床

拉床是用拉刀作为刀具加工工件的平面、通孔、键槽和成形表面的机床。拉削能获得较高的尺寸精度和较小的表面粗糙度，生产率高，适用于成批大量生产。大多数拉床只有拉刀作直线拉削的主运动，而其进给运功是通过拉刀刀齿在轴线方向依次增加齿高完成的。

按加工表面不同，便于排屑，拉床可分为内拉床和外拉床。内拉床用于拉削内表面，拉刀固定在侧立的溜板上，如花键孔、方孔等。工件贴住端板或安放在平台上，两侧拉床，传动装置带着拉刀作直线运动，并由主溜板和辅助溜板接送拉刀。内拉床有卧式和立式之分。工件固定在工作台上，前者应用较普遍，可加工大型工件，占地面积较大；后者占地面积较小，但拉刀行程受到限制。外拉床用于外表面拉削，主要有下列几种：

立式外拉床，工件固定在工作台上，内拉床有卧式和立式之分。垂直设置的主溜板带着拉刀自上而下地拉削工件，占地面积较小。

传动装置带着拉刀作直线运动，侧拉床，卧式布局，拉刀固定在侧立的溜板上，在传动装置带动下拉削工件，拉床可分为内拉床和外拉床。便于排屑，适用于拉削大平面、大余量的外表面，20世纪50年代初出现了连续拉床。如气缸体的大平面和叶轮盘榫槽等。

b 立式拉床

c 数控立式拉床

机械制造加工设备 [12] 金属切削加工设备

12. 锯床

以圆锯片、锯带或锯条等为刀具，锯切金属圆料、方料、管料和型材等的机床。锯床的加工精度一般不高，多用于备料车间切断各种棒料、管料等型材。

根据锯切刀具的类型，锯床分类如下表：

分类方法	类别	简 述
按锯切刀具的类型分	圆锯床	按圆锯片的进给方向有卧式（水平进给）、立式（垂直进给）和摆式（绕一支点摆动进给）三种
	带锯床	环形锯带张紧在两个锯轮上，由锯轮带动锯带进行锯切。按锯架位置又有立式锯床和卧式锯床两种
按目前国标的分类分	立式锯床	包括固定立式锯床，主要用来进行各种规则或不规则轮廓外形或型腔切割；滑车立式锯床，主要用于板材的切割。根据锯架移动的形式又分为滑车Ⅰ型和滑车Ⅱ型
	卧式锯床	包括铰链式（俗称剪切式或铡刀式）和立柱式卧式。小规格锯床一般以剪切式为主，大规格锯床则多为立柱式或龙门式
	弓锯床	结构简单，体积小，但效率较低，按锯条的运动轨迹又有直线和弧线两种
	专用锯床	如用于切割大型铸件浇冒口的摇头锯床，用于钢轨锯切和钻孔的锯钻联合机床等

（1）圆锯床。按圆锯片的进给方向有卧式（水平进给）、立式（垂直进给）和摆式（绕一支点摆动进给）三种。

（2）带锯床。环形锯带张紧在两个锯轮上，由锯轮带动锯带进行锯切，按锯架位置又有立式锯床和卧式锯床两种。

按照国标的分类，可分为：

（1）立式锯床。包括：固定立式锯床，主要用来进行各种规则或不规则轮廓外形或型腔切割；滑车立式锯床，主要用于板材的切割。

（2）卧式包括：铰链式（俗称剪切式或铡刀式）和立柱式卧式。小规格锯床一般以剪切式为主，大规格锯床则多为立柱式或龙门式。

（3）弓锯床：结构简单，体积小，但效率较低，按锯条的运动轨迹又有直线和弧线两种。

另外还有各种专用锯床，如用于切割大型铸件浇冒口的摇头锯床，用于钢轨锯切和钻孔的锯钻联合机床等。

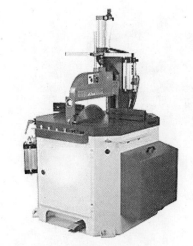

a 圆盘锯床

b 卧式带锯床

c 立式带锯床

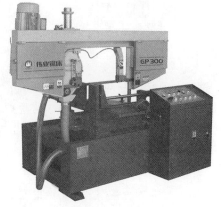

d 角度型卧式带锯床

金属切削加工设备 [12] 机械制造加工设备

e 弓锯床

13. 组合机床

组合机床是以通用部件为基础，配以少量按工件特定形状和加工工艺设计的专用部件和夹具而组成的半自动或自动专用机床。组合机床一般采用多轴、多刀、多工序、多面或多工位同时加工的方式，生产效率比通用机床高几倍至几十倍。由于通用部件已经标准化和系列化，可以根据需要灵活配置，能缩短设计和制造周期。因此，组合机床兼有低成本和高效率的优点，在大批量生产中得到广泛应用，并可用以组成自动生产线。

通用部件按功能分为动力部件、支承部件、输送部件、控制部件和辅助部件五类。

动力部件是为组合机床提供主运动和进给运动的部件，主要有动力箱、切削头和动力滑台。

支承部件是用以安装动力滑台、带有进给机构的切削头或夹具等的部件，有侧底座、中间底座、支架、可调支架、立柱和立柱底座等。

输送部件是用以输送工件或主轴箱至加工工位的部件，有分度回转工作台、环形分度回转工作台、分度鼓轮和往复移动工作台等。

控制部件是用以控制机床的自动工作循环，有液压站、电气柜和操纵台等。

辅助部件有润滑装置、冷却装置和排屑装置等。

组合机床的基本配置形式有单工位和多工位两大类，每类中又有多种配置方式。

单工位组合机床。工件被夹压在机床的固定夹具上，根据被加工面的数量（单面和多面）和位置（水平、垂直和倾斜）布置动力部件。有侧底座、中间底座、支架、可调支架、立柱和立柱底座等。这种单工位组合机床通常只能对各个加工部位同时进行一次加工，能够保证各加工面有较高的相互位置精度，适用于大、中型箱体件的加工。

多工位组合机床。工件及其夹具由输送部件依次送到各加工工位，能对加工部位进行多次加工。

这种机床通常设有单独的装卸工位，有钻削头、铣削头、攻丝头、镗削头和车削头等。使辅助时间的机动时间相重合，用于单一工序的加工，生产率较高，适用于大批量生产各种形状复杂的中、小型工件。

为了使组合机床能在中小批量生产中得到应用，往往需要应用成组技术，把结构和工艺相似的零件集中在一台组合机床上加工，以提高机床的利用率。这类机床常见的有两种，即可换主轴箱式组合机床和转塔式组合机床。

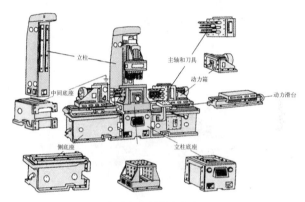

a 组合机床的基本构成

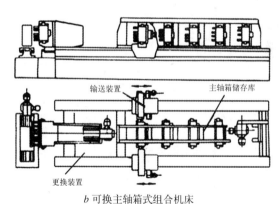

b 可换主轴箱式组合机床

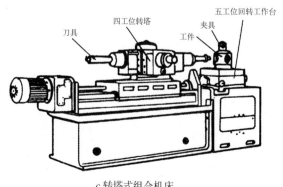

c 转塔式组合机床

107

机械制造加工设备 [12]　金属切削加工设备

d 缸体组合机床

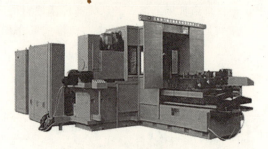

e 壳体加工组合机床

f 小型双面加工组合机床

14. 特种加工机床

特种加工机床是利用电能、电化学能、光能及声能等进行加工的设备。它包括如下几类：

1 电火花加工

电火花加工是利用浸在工作液中的两极间脉冲放电所产生的电蚀作用蚀除导电材料的特种加工方法，又称放电加工或电蚀加工。电火花加工设备主要由脉冲电源箱、工作液箱和机床本体组成。其中机床主体由主轴头、工作台、床身和立柱组成。主轴头是电火花成型加工机床的关键部件，它与间隙自动调节装置组成一体。主轴头的性能直接影响电火花成型加工的加工精度和表面质量。

常见的线割加工机床是利用一根运动的金属丝作为工具电极，在工具电极和工件电极之间通以脉冲电流，使之产生电腐蚀，工件被切割成所需要的形状。

电火花加工有如下特点：

① 可以加工任何导电材料，在一定条件下也可以加工半导体材料和非导电材料；

② 加工时无切削力；

③ 加工中几乎不受热的影响，可以提高加工后的工件质量；便于实现自动化。

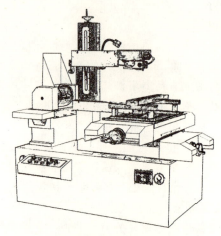

a 电火花线切割机床的结构

b 普通电火花线切割机床

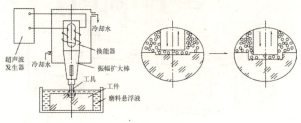

超声加工原理图

c 数控电火花加工机床

108

金属切削加工设备 [12] 机械制造加工设备

2 超声波加工

超声波加工是将高频电源连接超声换能器，由此将电振荡转换为同一频率、垂直于工件表面的超声机械振动，再经变幅杆放大至 0.05～0.1mm，以驱动工具端面作超声振动。此时，在超声振动和一定压力下，高速冲击悬浮液中的磨粒，并使之作用于加工区，使该处材料变形，直至击碎成微粒和粉末。同时，由于磨料悬浮液的不断搅动，促使磨料高速抛磨工件表面，又由于超声振动产生的空化现象，在工件表面形成液体空腔，促使混合液渗入工件材料的缝隙，而空腔的瞬时闭合产生强烈的液压冲击，强化了机械抛磨工件材料的作用，并有利于加工区磨料悬浮液的均匀搅拌和加工产物的排除。随着磨料悬浮液不断的循环，磨粒的不断更新，加工产物的不断排除，实现超声加工的目的。

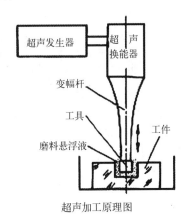

超声加工原理图

超声波加工机床主要包括超声电源（超声发生器）、超声振动系统及加工机床本体三部分。

超声波加工有如下特点：

①适用于加工各种不同不导电的硬脆材料；

②由于在加工过程中不需要旋转，因此易于加工出各种复杂形状的型孔、型腔、成型表面等；

③加工过程受力很小，适于加工薄壁、薄片等不能承受较大机械应力的零件。

d 电火花加工机床

e 大型电火花加工机床

f 精密数控电火花加工机床

g 双头电火花群控加工机床

a 超声波加工机床

机械制造加工设备 [12]　金属切削加工设备

b 超声振动高效加工机床

c 激光钣金二维加工机

3 激光加工

激光热加工是指利用激光束投射到材料表面产生的热效应来完成加工的过程，这类完成激光加工工作的装置称为激光加工机。激光加工主要用于打孔和切割，也用于焊接。

激光加工装置主要由激光器、电源、光学系统和机械系统四部分组成。

激光加工特点在于：

不受材料性能限制，几乎所有金属材料和非金属材料都能加工；加工时不需用刀具，属于非接触加工，无机械加工变形的问题；打孔速度极高，易于实现自动化生产和流水线作业；可通过透明介质（如玻璃）进行加工。

d 立式激光加工机

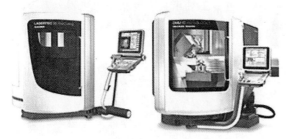

a 激光孔加工机床

e 台式激光加工机

15. 数控加工中心

数控加工中心是指备有刀库并能自动更换刀具对工件进行多工序加工的数字控制机床。工件经一次装夹后，数字控制系统能控制机床按不同工序，自动选择和更换刀具，自动改变机床主轴转速、进给量和刀具相对工件的运动轨迹及其他辅助机能，依次完成工件几个面上多工序的加工。

加工中心按主轴的布置方式分为立式和卧式两类。卧式加工中心一般具有分度转台或数控转台，可加工工件的各个侧面，也可作多个坐标的联合运动，例如车削中心，以便加工复杂的空间曲面。立

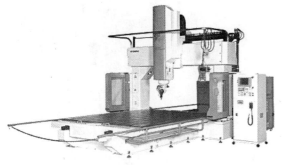

b 大型激光切割机

式加工中心一般不带转台，仅作顶面加工。此外，还有可换主轴箱加工中心以及带立、卧两个主轴的复合式加工中心，主轴能调整成卧轴或立轴的立卧可调式加工中心，它们能对工件进行5个面的加工。

a 立式加工中心（盘式刀库）

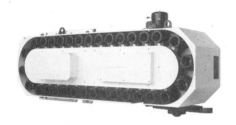

b 卧式加工中心（链式刀库）

c 精密卧式加工中心

d 卧式加工中心

e 立式加工中心

f 五轴加工中心

g 高速五轴加工中心

机械制造加工设备 [12]　金属压力加工设备

金属压力加工设备

金属的压力加工是指借助外力作用使金属坯料（加热的或者不加热的）发生塑性变形，成为所需尺寸和形状的毛坯或零件的工艺方法。这类加工设备统称为金属压力加工设备。

金属压力加工方法主要有：

1. 锻造

用于制造各种零件或型材毛坯，主要包括两种基本方式。

（1）自由锻造（简称"自由锻"）。使已加热的金属坯料在上下砧之间承受冲击力（自由锻锤）或压力（压力机）而变形的过程，用于制造各种形状比较简单的零件毛坯。

（2）模型锻造（简称"模锻"）。使已加热的金属坯料在已经预先制好型腔的锻模间承受冲击力（自由锻锤）或压力（压力机）而变形，成为与型腔形状一致的零件毛坯，用于制造各种形状比较复杂的零件。

2. 轧制

使金属坯料通过一对回转轧辊之间的空隙而受到压延的过程，包括冷轧（金属坯料不加热）和热轧（金属坯料加热），用于制造板材、棒材、型材、管材等。

3. 挤压

把放置在模具容腔内的金属坯料从模孔中挤出来成形为零件的过程，包括冷挤压和热挤压，多用于壁厚较薄的零件以及制造无缝管材等。

4. 冲压

使金属板坯在冲模内受到冲击力或压力而成形的过程，也分冷冲压与热冲压。

5. 拉拔

将金属坯料拉过模孔以缩小其横截面的过程，用于制造如丝材、小直径薄壁管材等，也分为冷拉拔和热拉拔。

金属压力加工的特点是：

1）经过压力加工后，金属材料能细化显微组织，提高材料组织的致密性，从而提高了金属的机械性能，以便承受更复杂、更苛刻的工作条件；

2）压力加工能直接使金属坯料成为所需形状和尺寸的零件，大大减少后续的加工量，提高了生产效率，同时也因为强度、塑性等机械性能的提高而可以相对减少零件的截面尺寸和重量，从而节省金属材料，提高材料的利用率。

3）有些零件形状很复杂，往往难以采用一般的机械加工手段制成，但是可以通过模锻来实现（特别是精密模锻）。

设备名称	简述
锻压机	是指将金属材料或工件坯料加热到一定温度进行锻打，使之成形和分离的机械设备
冲压机	通过电动机驱动飞轮，并通过离合器、传动齿轮带动曲柄连杆机构使滑块上下运动，带动拉伸模具对钢板成型
剪板机	又称剪床，是用于剪切各种金属板材的主要机械设备，广泛用于机械加工行业
折弯机	冷加工的设备之一，其功能是通过压力使金属板材弯曲成一定角度和形状
浇铸机	将熔融金属浇入铸型内的机械设备

压力加工设备种类较多，其中轧机类设备、挤压或拉拔设备等多为大型生产线装备，主要用于钢铁及有色金属型材生产企业，日常并多见，故只介绍以下几种。

1 锻压机

锻压机是指将金属材料或工件坯料加热到一定温度进行锻打，使之成形和分离的机械设备。锻压机械包括成形用的锻锤、机械压力机、液压机、螺旋压力机和平锻机，以及开卷机、矫正机、剪切机、锻造操作机等辅助机械。锻压机械主要用于金属成形，对击锤以打击能量（kJ）计。所以又称为金属成形机床。

锻锤是由重锤落下或强迫高速运动产生的动能对坯料做功，使之塑性变形的机械。锻锤是最常见、历史最悠久的锻压机械。它结构简单，工作灵活，万能性强，使用面广，易于维修，有良好的劳动条件，适用于自由锻和模锻。但振动较大，较难实现自动化生产。

大型锻压设备由于锻件重量、体积大、温度高，无法依靠人工操作，因此还需相应的操作机夹持锻件进行操作。

a 空气自由锻锤

金属压力加工设备　[12] 机械制造加工设备

2 冲压机

冲压机是指利用机床工作部和模具之间产生的冲压与剪切力，对金属材料或工件进行冲压，使之达到规定形状和尺寸要求的机械设备。普通冲压机通过电动机驱动飞轮，并通过离合器、传动齿轮带动曲柄连杆机构使滑块上下运动，分开式、闭式、半闭式三种，冲压机广泛应用于机械制造的各个领域，特别是电子、通信、电脑、家用电器、交通工具（汽车，摩托车，自行车）等产业的箱体、壳体和五金零件的加工过程中。

b 摩擦锻压机

c 液压锻压机

d 液压锻压机

e 锻压机操作机附件

a 普通冲压机

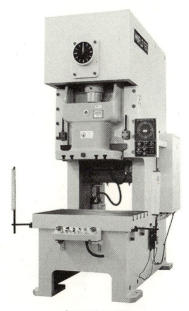

b 中型开式冲压机

113

机械制造加工设备 [12]　金属压力加工设备

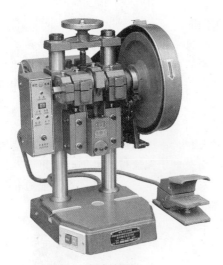

c 闭式冲压机

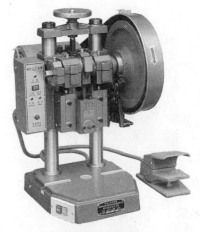

f 小型台式冲压机

3 剪板机、折弯机

剪板机又称剪床，是用于剪切各种金属板材的主要机械设备，广泛用于机械加工行业。

剪板机是借助运动的上刀片和固定的下刀片，采用合理的刀片间隙，对各种厚度的金属板材施加剪切力，使板材按所需要的尺寸断裂分离，常用来剪裁直线边缘的板料毛坯。剪切工艺应保证被剪板料剪切表面的直线性和平行度，并尽量减少板材扭曲，以获得高质量的工件。

一般剪板机可分为脚踏式（人力）、机械式、液压摆式、液压闸式。

d 半闭式冲压机

a 脚踏剪板机

e 数控冲压机

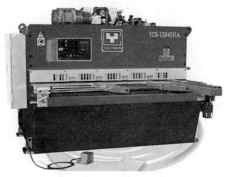

b 液压剪板机

金属压力加工设备·铸造机械 [12] 机械制造加工设备

c 数控液压剪板机

d 液压台式剪板机

折弯机是压力加工的设备之一，其功能是通过压力将金属板材弯曲成一定角度和形状。折弯机广泛用于家电、电子、仪器仪表行业，部分折弯机由于采用了电磁力夹持工件，使得压板可以做成多种工件要求，而且可对有侧壁的工件进行加工。

折弯机分为手动折弯机、液压折弯机和数控折弯机等。

a 手动折弯机

b 液压折弯机

c 立式液压折弯机

d 数控折弯机

铸造机械

铸造是人类掌握较早的一种金属热加工工艺，迄今已有约6000年的历史。中国在公元前1700～前1000年之间已进入青铜铸件的全盛期，工艺上已达到相当高的水平。

铸造是将金属熔炼成符合一定要求的液体并浇进铸型里，经冷却凝固、清整处理后得到有预定形状、尺寸和性能的铸件的工艺过程。被铸金属包括铜、铁、铝、锡、铅等，普通铸型的材料是原砂、黏土、水玻璃、树脂及其他辅助材料。特种铸造的铸型包括熔模铸造、消失模铸造、金属型铸造、陶瓷型铸造等（原砂包括：石英砂、镁砂、锆砂、铬铁矿砂、镁橄榄石砂、蓝晶石砂、石墨砂、铁砂等）。

铸造的特点在于能获得复杂的形状，铸成的毛坯因近乎成形，因而可达到免机械加工或少量加工的目的，有利于降低成本并在一定程度上减少制作时间。

铸造按造型方法分类，习惯上分为：

普通砂型铸造，又称砂铸，翻砂包括湿砂型、干砂型和化学硬化砂型三类。

115

机械制造加工设备 [12]　铸造机械

特种铸造，按造型材料又可分为以天然矿产砂石为主要造型材料的特种铸造（如熔模铸造、泥型铸造、壳型铸造、负压铸造、实型铸造、陶瓷型铸造、消失模铸造等）和以金属为主要铸型材料的特种铸造（如金属型铸造、压力铸造、连续铸造、低压铸造、离心铸造等）两类。

铸造按照成型工艺分类，可分为：

重力浇铸：依靠重力将熔融金属液浇入型腔，分砂铸、硬模铸造。

压力铸造：依靠额外增加的压力将熔融金属液瞬间压入铸造型腔。分低压浇铸、高压铸造。

1 造型机

造型机是用于制造砂型的铸造设备。它的主要功能是将松散的型砂填入砂箱中并紧实型砂。

c 顶箱震压造型机

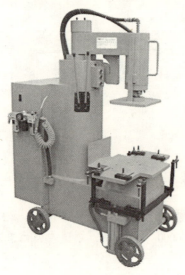

a 普通造型机

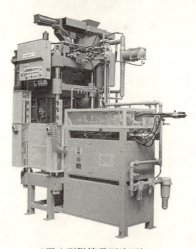

d 平分型脱箱震压造型机

2 浇铸机

浇铸机是将液态金属引入铸型型腔和在铸型内开设信道的设备。信道包括浇口杯、直浇道、横浇道、内浇道。

按照铸造方式的不同，浇注机分为重力浇注机、离心浇注机、低压浇注机等。

b 震压式造型机

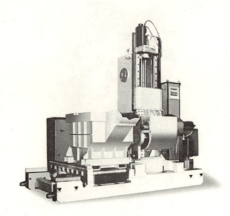

a 重力铸造浇注机

铸造机械 [12] 机械制造加工设备

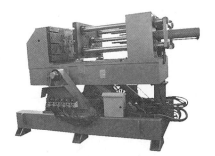
b 可倾式重力浇铸机

f 离心浇注机

3 抛丸机

抛丸机是通过高速抛丸器抛出的高速弹丸清理或强化铸件表面的铸造设备。根据铸件的形状、尺寸大小以及批量多少，可选用不同类别和型号的抛丸机。

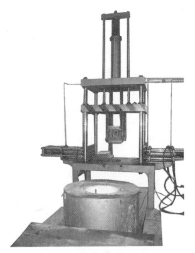
c 低压浇注机

a 滚筒式抛丸机

d 小件低压浇铸机

b 吊钩式抛丸机　　　c 履带式抛丸机

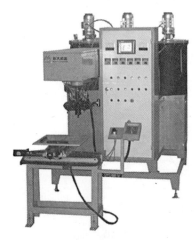
e 开敞式重力浇注机

d 悬链式抛丸成套设备

机械制造加工设备 [12] 铸造机械·焊接与切割设备

e 履带式抛丸清理机

焊接与切割设备

1 焊接机

焊接是通过加热、加压等方式，使两工件之间产生原子间结合的加工工艺和连接方式。焊接应用广泛，既可用于金属，也可用于非金属。

焊接技术是随着金属的应用而出现的。古代的焊接方法主要是铸焊、钎焊和锻焊，焊接方法使用的热源都是炉火，温度低，能量不集中，无法用于大截面、长焊缝工件的焊接，因此只能用以制作装饰品、简单的工具和武器。

自19世纪初英国人发明电弧和氧乙炔焰两种能局部熔化金属的高温热源以来，手工电弧焊、铝热焊、气焊、气体保护焊、电渣焊、等离子焊、冷焊、电阻焊以及超声波焊、摩擦焊、爆炸焊、真空扩散焊等各种先进的焊接方法、焊接设备和工具相继出现，不仅解决了许多以往难以焊接材料的焊接问题，也不断提高了材料焊接的质量和焊接强度，同时也极大地提高了焊接的自动化程度和焊接的生产效率。当今焊接已经广泛运用于机械制造业各个领域，成为必不可少的重要技术。

焊接设备是指包括焊机、焊接工艺装备和焊接辅助器具。

焊机。包括焊接能源设备、焊接机头和焊接控制系统。

①焊接能源设备：用于提供焊接所需的能量。常用的是各种弧焊电源，也称电焊机。

②焊接机头：作用是将焊接能源设备输出的能量转换成焊接热，并不断送进焊接材料，同时机头自身向前移动，实现焊接。

③焊接控制系统：作用是控制整个焊接过程，包括控制焊接程序和焊接规范参数。

焊接工艺装备。完成焊接操作的辅助设备，包括：保证焊件尺寸、防止焊接变形的焊接夹具，焊接小型工件用的焊接工作台；将工件回转或倾斜，使焊件接头处于水平或船形位置的焊接变位机；将工件绕水平轴翻转的焊接翻转机；将焊件绕垂直轴作水平回转的焊接回转台；带动圆筒形或锥形工件旋转的焊接滚轮架；以及焊接大型工件时，带动操作者升降的焊工升降台。

焊接辅助器具。包括：防止操作人员被焊接电弧或其他焊接能源产生的紫外线、红外线或其他射线伤害眼睛的气焊眼镜，电弧焊时保护焊工眼睛、面部和颈部的面罩，白色工作服，焊工手套和护脚等。

2 焊接设备分类

（1）气焊设备　气焊设备包括氧气瓶、乙炔发生器（或溶解乙炔瓶）以及回火保险器等；气焊工具包括焊炬、减压器以及胶管等。气焊主要用于手工焊接，相关内容已在本书工具篇加以介绍。

（2）埋弧焊设备　埋弧焊设备由焊接电源、埋弧焊机和辅助设备构成。

埋弧焊电源可以交流、直流或交直流并用。埋弧焊机按其自动化程度可分为半自动焊机和自动焊机；按用途可分为通用和专用焊机；按电弧自动调节方式可分为等速送丝和均匀调节式焊机；按焊丝数目可分为单丝、双丝和多丝焊机；按行走机构形式可分为小车式、门架式和伸缩臂式等。常用的机械化埋弧焊机有等速进丝和变速进丝两种，一般由机头、控制箱、导轨（或支架）组成。

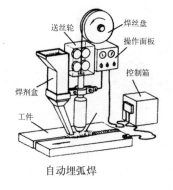

a 埋弧焊示意图

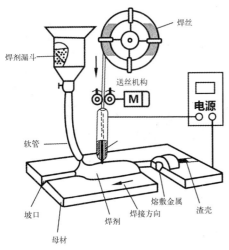

b 埋弧焊机结构示意图

c 埋弧焊机

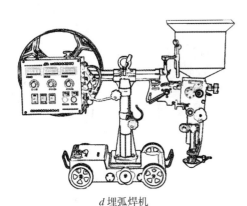

d 埋弧焊机

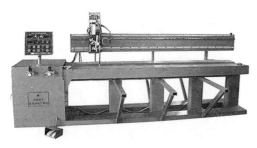

e 固定式埋弧焊机

f 埋弧焊机电源

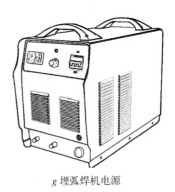

g 埋弧焊机电源

(3) CO_2 气体保护焊设备 半自动 CO_2 气体保护焊设备主要由焊接电源、供气系统、送丝机构和焊枪等组成。

供气系统主要由 CO_2 气瓶及预热器、干燥器以及气体流量计、减压器和气阀等部件组成。干燥器分为高压（气体未减压前进行干燥）和低压（气体经减压后进行干燥）两种，其主要作用是吸收 CO_2 气体中的水分和杂质。通常气路中只接高压干燥器。半自动焊的送丝方式有推进式、拉丝式、推拉式和加长推丝式四种，目前应用最多的是推进式送丝系统。

a 逆变式 CO_2 气体保护焊机

机械制造加工设备 [12] 焊接与切割设备

b 晶闸管控制 CO_2 气体保护焊机

c CO_2 气体保护焊焊枪

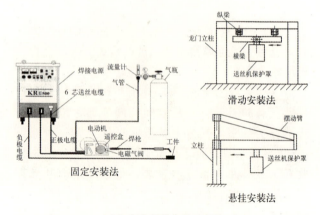

d CO_2 气体保护安装示意图

(4) 惰性气体保护焊设备　手工惰性气体保护焊设备包括焊枪、焊接电源与控制装置、供气和供水系统四大部分。

a 惰性气体保护焊机及焊炬

b 惰性气体保护焊机

(5) 等离子弧焊设备　等离子弧焊设备主要包括焊接电源、控制系统、焊枪、气路系统和水路系统。

a 等离子弧焊设备

b 移动式等离子弧焊设备

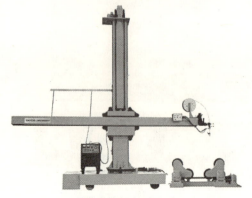

c 悬臂式等离子弧焊设备

焊接与切割设备　[12] 机械制造加工设备

d 等离子弧焊焊枪

（6）电阻焊设备　电阻焊设备是指采用电阻加热原理进行焊接操作的一种设备，由机械装置、供电装置和控制装置等组成。它包括点焊机、对焊机、滚焊机、焊缝机等。

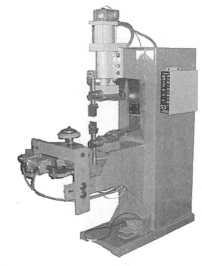

c 焊缝机

a 单相交流电阻点焊机

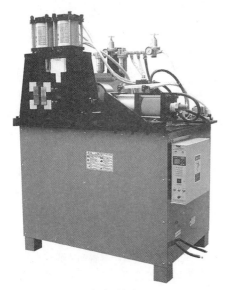

b 闪光对焊机

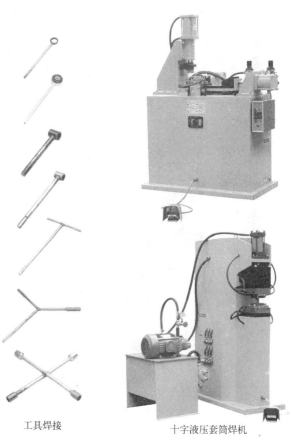

工具焊接　　十字液压套筒焊机

d 电阻焊机及其所焊接的工件

121

机械制造加工设备 [12]　焊接与切割设备

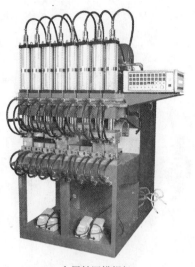

e 金属丝网排焊机

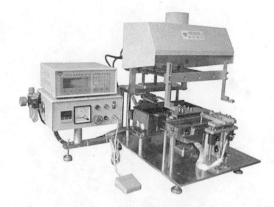

c 整排式锡焊机

（7）焊锡机　焊锡机是利用液态的"焊锡"润湿在基材上实现焊接效果的钎焊设备，分为自动锡焊机、热风锡焊机和无铅回流锡焊机三类。自动锡焊机装有透明窗，可观察焊接工艺过程，其温度可实现编程控制，控温精确，参数设置简便，易操作。可完成CHIP、SOP、PLCC等所有封装形式的单、双面PCB板焊接。能提高产品质量，降低生产成本，保护环境。

d 印刷电路板自动波峰焊机

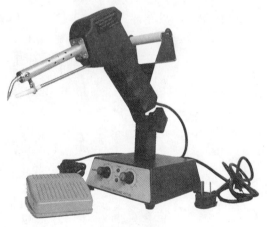

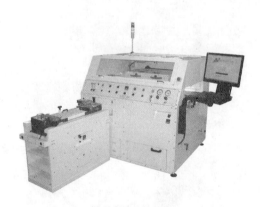

e 微型自动波峰焊机

a 脚踏式锡焊机

（8）激光焊接机　激光焊接是激光材料加工技术应用的重要方面之一，完成激光焊接的设备称为激光焊机或镭射焊机。按其工作方式常可分为激光模具烧焊机（手动焊接机）、自动激光焊接机、激光点焊机、光纤传输激光焊接机。激光焊接是利用高能量的激光脉冲对材料进行微小区域内的局部加热，激光辐射的能量通过热传导向材料的内部扩散，将材料熔化后形成特定熔池以达到焊接的目的。

b 无铅回流焊锡机

焊接与切割设备 [12] 机械制造加工设备

a 激光焊接机

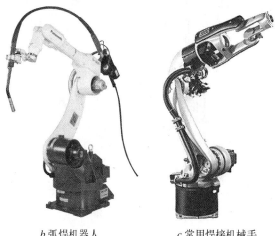

b 弧焊机器人　　c 常用焊接机械手

b 激光焊接机

(9) 工业焊接机器人　工业机器人是指面向工业领域的多关节机械手或多自由度的机器人。它可以接受人类指挥，也可以按照预先编排的程序运行。现代的工业机器人还可以根据人工智能技术制定的原则纲领行动。用于焊接的机器人即工业焊接机器人，它是焊接的辅助设备，主要用于大批量金属壳体的生产线上。

a 点焊机器人

3 切割机

切割是将材料加以分割的工艺过程，用于切割材料的机械称为切割机。切割机分为火焰切割机、等离子切割机、激光切割机、水切割机等。

其中激光切割机效率最高，切割剖面质量精度高、质量好，切割厚度一般也较小。

等离子切割机切割速度也较快，但切割面会产生一定的斜度。

火焰切割机主要用于厚度较大的碳钢材质，但切割剖面的质量难以控制。

水切割机是利用高压水流进行切割的机器，它是目前世界上最高产能的一种机器，优于其他的切割工具，同时，不会产生有害的气体或液体，不会在工件表面产生热量，它是多功能的，高效率的冷切割加工机器。

切割机不仅用于切割金属，也可用于切割非金属。火焰切割机、等离子切割机主要用于切割金属材料；激光切割机、水切割机可用于非金属切割。

火焰切割机又分数控火焰切割机和手动切割机两大类，手动类切割机有小跑车切割机、半自动切割机、纯手动切割机；数控类有龙门式数控切割机、悬臂式数控切割机、台式数控切割机、相贯线数控切割机等等。

等离子切割机（Plasma Cutting Machine）是借助等离子切割技术对金属材料进行加工的机械。等离子切割是利用高温等离子电弧的热量使工件切口处的金属部分局熔化（和蒸发），并借高速等离子的动量排除熔融金属以形成切口的一种加工方法。

机械制造加工设备 [12]　焊接与切割设备

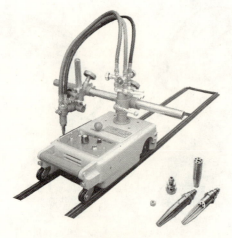

a 火焰切割机

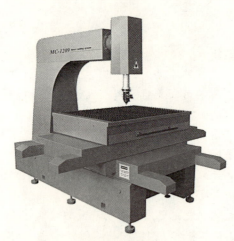

b 激光切割机

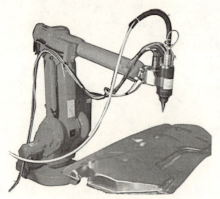

c 机械手激光切割机

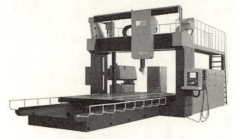

d 大型龙门板材激光切割机

e 等离子切割

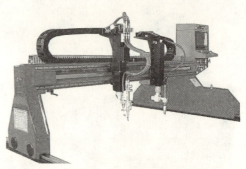

f 数控等离子切割机

g 数控水切割机

h 悬臂式数控水切割机

[13] 农、林、牧及渔业机械

农、林、牧及渔业机械

农业机械是在作物种植业和畜牧业生产过程中，以及农、畜产品初加工和处理过程中所使用的各种机械。农业机械包括农用动力机械、农田建设机械、土壤耕作机械、种植和施肥机械、植物保护机械、农田排灌机械、作物收获机械、农产品加工机械、畜牧业机械和农业运输机械等。广义的农业机械还包括林业机械、渔业机械和蚕桑、养蜂、食用菌类培植等农村副业机械。

农业机械的起源可以追溯到原始社会使用简单农具的时代。在中国，早在公元前3000年前新石器时代的仰韶文化时期，就有了原始的耕地工具——耒耜；公元前13世纪我国已使用铜犁头进行牛耕；到了春秋战国时代，已经拥有耕地、播种、收获、加工和灌溉等一系列铁、木制农具。

公元前90年前后，赵国发明的三行耧，即三行条播机，其基本结构至今仍被应用。到9世纪我国已有了结构相当完备的畜力铧式犁。在《齐民要术》、《耒耜经》、《农书》、《天工开物》等古籍中，对各个时期农业生产中使用的各种机械和工具都有详细的记载。在西方，原始的木犁起源于美索不达米亚和埃及，约公元前1000年开始使用铁犁铧。

19世纪至20世纪初，是发展和大量使用新式畜力农业机械的年代。马拉收割机、马拉的谷物联合收获机、谷物播种机、割草机和玉米播种机等相继问世并广泛使用。

20世纪初，以内燃机为动力的拖拉机开始逐步代替牲畜作为牵引动力，广泛用于各项田间作业，并用以驱动各种固定作业的农业机械。30年代后期，英国创制成功拖拉机的农具悬挂系统，使拖拉机和农具二者形成一个整体，大大提高了拖拉机的使用范围和操作性能。

由液压系统操纵的农具悬挂系统使农具的操纵和控制更为轻便、灵活。与拖拉机配套的农机具由牵引式逐步转向悬挂式和半悬挂式，使农机具的重量减轻、结构简化。20世纪40年代起，欧美各国的谷物联合收获机逐步由牵引式转向自走式。60年代，水果、蔬菜等收获机械得到发展。自70年代开始，电子技术逐步应用于农业机械作业过程的监测和控制，逐步向作业过程的自动化方向发展。

50年代初，广为发展新式畜力农具，如步犁、耘锄、播种机、收割机和水车等。50年代后期，开始建立拖拉机及其配套农机具制造工业。

1956年，中国首先在水稻秧苗的分秧原理方面取得突破，人力和机动水稻插秧机相继定型投产；1965年开始生产自走式全喂入谷物联合收获机，并从1958年起研制半喂入型水稻联合收获机；1972年创制成功的船式拖拉机（机耕船），为中国南方水田特别是常年积水的沤田地区，提供了多种用途的牵引动力。

农业机械一般按用途分类。其中大部分机械是根据农业的特点和各项作业的特殊要求而专门设计制造的，如土壤耕作机械、种植和施肥机械、植物保护机械、作物收获机械、畜牧业机械，以及农产品加工机械等。

部分农业机械则与其他行业通用，可以根据农业的特点和需要直接选用，如农用动力机械、农田排灌机械中的水泵等；或者根据农业的特点和需要，把这些机械设计成农用变型，如农业运输机械中的农用汽车、挂车和农田建设机械中的土、石方机械等。

现综合上述分类方法，对各种农业机械简介如下：

农业动力机械是为各种农业机械和农业设施提供动力的机械，主要有内燃机和装备内燃机的拖拉机，以及电动机、风力机、水轮机和各种小型发电机组等。

农田建设机械是用于平整土地、修筑梯田和台田、开挖沟渠、敷设管道和开凿水井等农田建设的施工机械。其中推土机、平地机、铲运机、挖掘机、装载机和凿岩机等土、石方机械，与道路和建筑工程用的同类机械基本相同，但大多数（凿岩机除外）与农用拖拉机配套使用，挂接方便，以提高动力的利用率，其他农田建设机械主要有开沟机、鼠道犁、铲抛机、水井钻机等。

土壤基本耕作机械是用以对土壤进行翻耕、松碎或深松、碎土等所用的机械，包括铧式犁、圆盘犁、凿式犁和旋耕机等。表土耕作机械包括圆盘耙、钉齿耙镇压器和中耕机等；此外还有联合耕作机械能一次完成土壤的基本耕作和表土耕作——耕地和耙地。

植物保护机械是用于保护作物和农产品免受病、虫、鸟、兽和杂草等危害的机械，通常是指用化学方法防治植物病虫害的各种喷施农药的机械，也包括用化学或物理方法除草和用物理方法防治病虫害、驱赶鸟兽所用的机械和设备等。植物保护机械主要有喷雾、喷粉和喷烟机具。

作物收获机械包括用于收取各种农作物或农产品的机械。不同农作物的收获方式和所用的机械都不相同，有的机器只进行单项收获工序，如稻、麦、玉米和甘蔗等带穗茎秆的切割，薯类、甜菜和花生等地下部分的挖掘，棉花、茶叶和水果等的采摘，亚麻、黄麻等茎秆的拔取等。有的收获机械则可一次进行全部或多项收获工序，称为联合收获机。例

农、林、牧及渔业机械 [13]

如谷物联合收获机可进行茎秆切割、谷穗脱粒、秸秆分离和谷粒清选等项作业，马铃薯联合收获机可进行挖掘、分离泥土和薯块收集作业。

农产品加工机械包括对收获后的农产品或采集的禽、畜产品进行初步加工，以及某些以农产品为原料进行深度加工的机械设备。农产品加工机械的品种很多，使用较多的有谷物干燥设备、粮食加工机械、油料加工机械、棉花加工机械、麻类剥制机械、茶叶初制和精制机械、果品加工机械、乳品加工机械、种子加工处理设备和制淀粉设备等。

农业运输机械是用于运输各种农副产品、农业生产资料、建筑材料和农村生活资料的运输机械，包括各种农用运输车、由汽车或拖拉机牵引的挂车和半挂车、畜力胶轮大车、胶轮手推车及农船等。

农业机械的发展，与国家和农村的经济条件有直接的联系。在经济发达国家，特别是在农业劳动力很少的美国，农业机械继续向大型、宽幅、高速和高生产率的方向发展，并在实现机械化的基础上逐步向生产过程的自动化过渡。电子技术、微型电子计算机技术等各种先进科学技术，在农业机械产品及其设计制造中得到日益广泛的应用。

农业机械的节能和农用多种能源的开发，受到越来越大的重视，其未来的发展将着重于以下方面：改进燃烧过程、回收利用废气和冷却水热量，降低内燃机的耗油量；使用植物油、酒精和沼气等从农副产品或农村废弃物中获得燃料的内燃机；利用太阳能、地热和火电站余热等烘干谷物和其他农产品，或把它们用于温室和禽畜舍的采暖加温系统；利用风力发电和节水型灌溉等。

林业机械是指在林业生产中使用的机械。它始于木材搬运，1892年，第一台拖拉机在美国问世后很快在林区获得应用，但由于不适应林区复杂的自然条件，效率较低。19世纪后期，仿效采矿工业，在林区开始使用铁轨道、木轨道和简易车辆搬运木材。20世纪初，森林铁道开始用于木材运输。1913年，美国制成蒸汽机集材绞盘机，1914年德国制成第一台双人用动力链锯。从此林区开始用动力锯锯木和用绞盘机拖集木材。

畜牧机械是指畜牧业生产过程中所使用的机械。在畜牧饲养业中，特别是养鸡业已进入工厂化连续生产的阶段，自动控制小气候的密闭鸡舍是畜牧机械发展的新方向。

渔业机械是指捕捞和养殖鱼类及其他水生动物或海藻类等水生植物，以取得水产品所使用的机械。

渔业是广义农业的重要组成部分。渔业一般分为海洋渔业、淡水渔业两类。其生产的主要特点是以各种水域为基地，以具有再生性的水产经济动植物资源为对象，具有明显的区域性和季节性，初级产品具鲜活、易腐变和商品性的特点。按生产特性，渔业可分为养殖业和捕捞业。广义的渔业机械包括：①直接渔业生产机械：渔船、渔具、渔用仪器、渔用机械及其他渔用生产资料。②渔业后机械：水产品的储藏、加工、运输机械。

以下分别介绍农业、林业、畜牧业和水产渔业的相关机械设备。

1 拖拉机

拖拉机是由发动机、底盘、电气等系统组成的主要用于牵引和运输的多用途行走机械，主要提供动力耕地、播种、收割等各种农业生产活动，其种类甚多，一般中小型拖拉机用橡胶轮胎，大型的用履带。

a 大型轮胎式拖拉机

b 中型轮胎式拖拉机

c 履带式拖拉机

[13] 农、林、牧及渔业机械

d 大型履带式拖拉机

c 犁地机工作情况

e 手扶拖拉机

d 小型手扶犁地机

2 平地机、犁地机

利用刮刀平整农田地面的土方机械。刮刀装在机械前后轮轴之间，能升降、倾斜、回转和外伸。

犁地机是利用犁铧犁地或深翻土地的机械，一般与拖拉机挂接。

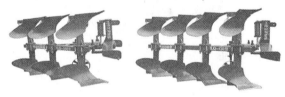

e 深耕机

a 平地机

3 播种机

播种机是以作物种子为播种对象的种植机械。用于某类或某种作物的播种机，常冠以作物种类名称，如谷物条播机、玉米穴播机、棉花播种机、牧草撒播机等。

b 犁地机

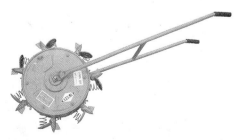

a 穴播机

127

农、林、牧及渔业机械 [13]

b 条播机

c 异型种子播种机

d 撒播机

e 土豆播种机

4 插秧机

是用于完成水稻、小麦等农作物插秧工作的农业机械。

以常见的水稻插秧机为例，结构包括前轮和后轮的机体和设置在机体上的动力部及插秧部，以及把机体的主平台和辅助平台一体成型的机体罩。另外还有在车体上以靠近其顶点处来支撑驾驶座重量负荷、在侧视面上呈凸状三角形的车体底盘。

a 机动水稻插秧机

b 机动水稻插秧机

c 水稻插秧机

d 小型水稻插秧机

5 开沟机

开沟机是用于对各种条件的土质田块开挖灌溉、排水沟渠等作业的机械。

a 开沟机

[13] 农、林、牧及渔业机械

b 冻土开沟机

(a)　　　　　　　　(b)

c 小型灌溉机

c 小型开沟机

7 地膜机械

地膜机械是指对农作物利用覆膜技术进行铺膜作业的机械。残膜回收机也属于地膜机械的一种。对农作物覆盖塑料薄膜有利于保温、保墒、防止地表水分蒸发，常用于播种、育苗等田间作业。

6 灌溉机

灌溉机是用于完成田间农作物灌溉的农业机械。它主要有动力机、水泵、进出水管道、喷头以及控制机构组成。由于水资源十分宝贵，目前灌溉机正朝着节水型及滴灌的方向发展。

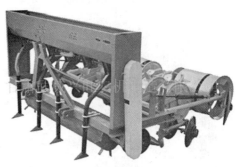

a 地膜覆盖机

a 卷式灌溉机

b 简易地膜覆盖机

b 平移式灌溉机

c 地膜膜覆盖机械

农、林、牧及渔业机械 [13]

d 残膜回收机

d 喷洒施肥机

8 施肥机械

施肥机械是在地表、土壤或作物的一定部位施放肥料的农业机械。其类别与结构形式同肥料的种类、施放时期、施肥方式等有密切关系。

9 药物喷洒器

药物喷洒器是用于对农作物进行药物喷洒的机器。

a 小型施肥机

a 农药喷洒器

b 配挂旋播施肥机

b 背负式手压喷雾器

c 背负式电动喷雾器

c 种植施肥机

d 药物喷洒器

[13] 农、林、牧及渔业机械

e 林用药物喷洒器

f 林用背负式药物喷洒器

10 收获机械

收获机械是用以收获农作物的机械，根据作物种类的不同，分为不同别类。大部分收获机属于收割小麦、水稻、玉米等茎秆类谷物农作物的机械。简易的小型收割机靠人工操作。谷物联合收割机简称联合收割机，是机械化收割农作物的联合机械，是能够一次完成谷类作物的收割、脱粒、分离茎秆、清除杂物等工序，从田间直接获取谷粒的收获机械。

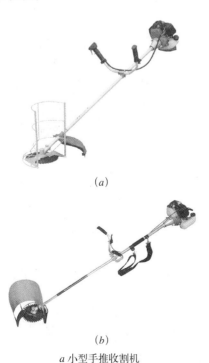

a 小型手推收割机

b 手扶小型谷物收割机

c 小型自走式谷物收割机

d 中型联合收割机

e 小型玉米收割机

农、林、牧及渔业机械 [13]

f 水稻联合收割机

g 小麦联合收割机

h 中型玉米联合收割机

i 履带式全喂入稻麦联合收割机

j 大型谷物联合收割机

k 拖挂式小型马铃薯收获机

l 拖挂式小型马铃薯、生姜收获机

m 花生收割机

n 小型蒜头收获机

o 大型棉花采摘机

[13] 农、林、牧及渔业机械

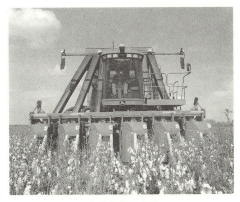

p 大型棉花采摘机

q 自走式蔬菜收获机

r 玉米和蔬菜等多功能收获机

11 脱粒机

脱粒机是通过一定手段脱去谷物外壳的一种农业机械。

a 简易玉米脱粒机

b 移动式简易水稻脱粒机

c 简易多功能脱粒机

d 大型玉米脱粒机

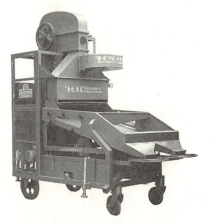

e 水稻脱粒机

农、林、牧及渔业机械 [13]

f 大豆种子脱粒机

g 水稻脱粒机

h 组合型碾米机

12 铡草机

用于铡切青（干）玉米秸秆、稻草等各种农作物秸秆及牧草的农业畜牧机械。

铡草机由电机作为配套动力，将动力传递给主轴，主轴另一端的齿轮通过齿轮箱、万向节等将经过调速的动力传递给压草辊，当待加工的物料进入上下压草辊之间时，被压草辊夹持并以一定的速度送入铡切机构，经高速旋转的刀具切碎后经出草口抛出机外。

铡草机主要由喂入机构、铡切机构、抛送机构、传动机构、行走机构、防护装置和机架等部分组成。

a 铡草机

b 铡草机

c 大型铡草机

13 茶叶机械

茶叶机械是指加工茶叶所用的机械设备。它包括采茶机、包揉机、松包机、筛沫机、摇青机、除铁机等。

[13] 农、林、牧及渔业机械

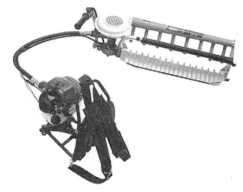

a 采茶机

b 采茶机的使用

c 茶叶摇青机

d 茶叶炒干机

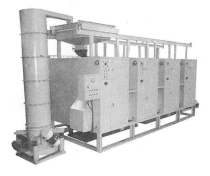

e 箱式茶叶烘干机

f 筛沫机

14 农用运输机械

农用运输机械是运输农用物资的运输工具，是各项田间作业的连接环节，也是城乡物资交流的纽带。根据农作业的需要，部分农用车辆带有翻斗机构，便于装卸。

a 农用挂车

b 农用运输车

农、林、牧及渔业机械 [13]

c 三轮农用车

c 林用起重机

15 林用起重机

林用起重机和普通起重机不同,其钢爪适合抓取各种树干、树枝进行堆码及装车工作。

16 孵化机

孵化机、孵化设备是利用仿生学原理和自动控制技术为禽蛋胚胎发育提供适宜的条件以获得大量优质雏禽的机器。

孵化机是发展现代化养鸡生产的重要设备之一,它的种类很多,但大致可分为平面孵化机与立体孵化机两大类。立体孵化机又可分为箱式孵化机和房间式孵化机。孵化机根据它的构造又分为巷道式孵化机和箱体式孵化机。

a 林用起重机

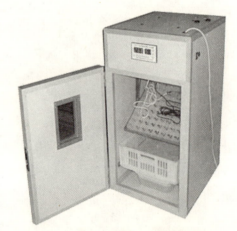

a 全自动孵化机

b 林用起重机

b 大型全自动孵化机

[13] 农、林、牧及渔业机械

17 割草机

割草机是割下牧草或其他可制成干草的作物，并将其铺放在地面上的牧草收获机械。有往复式、悬挂式和旋转式两类。

往复式割草机依靠切割器上动刀和定刀的相对剪切运动切割牧草。其特点是割茬整齐，单位割幅所需功率较小；但对牧草不同生长状态的适应性差，易堵塞。

悬挂式割草机结构简单、轻便、机动灵活。有前悬挂式、侧悬挂式和后悬挂式三种，以后悬挂式割草机应用最广。

旋转式割草机依靠高速旋转刀盘上的刀片冲击切割牧草。切割速度（刀片刃口根部的圆周速度）高达 60～90m/s。工作平稳，作业前进速度可达 15km/h 以上。其特点是对牧草的适应性强，适用于高产草场，但切割不够整齐，重割较多，单位割幅所需功率较大。

c 骑乘式专业割草机

d 高速骑乘式割草机

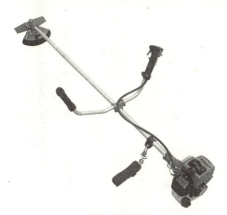

a 悬挂式割草机

e 手扶式往复式割草机

b 拖拉式割草机

18 捕鱼船

捕鱼船主要是指用以捕捞鱼类和采收水生动植物的船舶，也包括现代捕捞生产的一些辅助船只，如进行水产品运输、养殖、资源调查、渔业指导和训练以及给鱼喂饵用的船舶。现代捕鱼船备有各种先进探鱼、拉网等捕鱼机器设备，还备有通讯、导航及冷冻、冷藏设备。

农、林、牧及渔业机械 [13]

a 远洋捕鱼船

b 拖网船

c 高分辨率声纳探鱼器

19 织网机及养殖网箱

织网机是编制渔网的专用机械，将合成纤维如尼龙、聚氯乙烯等网线编织而成的网衣，固定在支架上制成不同大小和形状的封闭式养殖设施称为网箱，将养殖的动物幼苗置于其中，沉入海洋、湖泊水中的养殖方式称为网箱养殖。

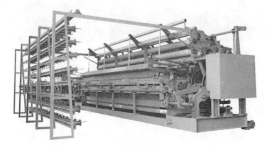

a 织网机

b 网片定型机

c 近海养殖网箱

20 饲料机及投饵机

饲料机是将饲料原料加工成便于喂养动物，有助于其成长的粒状或其他形状饲料的机器；投饵机是将颗粒饲料抛洒到鱼塘或网箱中喂食的机械，可定时定量投饵。

a 饲料机

b 自动投饵机

[13] 农、林、牧及渔业机械

21 增氧机

增氧机是一种常被应用于渔业养殖业的机器。它的主要作用是增加水中的氧气含量以确保水中的鱼类不会缺氧，同时也能抑制水中厌氧菌的生长，防止池水变质威胁鱼类生存环境。增氧机一般是靠其自带的空气泵将空气打入水中，以此来实现增加水中氧气含量的目的。

c 四叶轮水车式增氧机

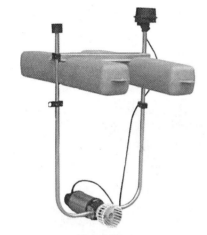

a 潜水式增氧机

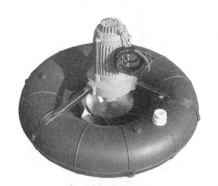

d 新型水轮式增氧机

b 叶轮式增氧机

e 叶浆空气组合式增氧机

工程、矿山机械 [14] 工程机械

工程机械

工程机械是指用于工程建设的施工机械的总称。广泛用于建筑、水利、电力、道路、港口和国防等工程领域，种类繁多。

工程机械是我国装备工业的重要组成部分。概括地说，凡土石方施工工程、路面建设与养护、流动式起重装卸作业和各种建筑工程所需的综合性机械化施工工程所必需的机械装备，称为工程机械。它主要用于国防建设工程、交通运输建设，能源工业建设和生产、矿山等原材料工业建设和生产、农林水利建设、工业与民用建筑、城市建设、环境保护等领域。

近代工程机械的发展，始于蒸汽机发明之后，19世纪初，欧洲出现了蒸汽机驱动的挖掘机、压路机、起重机等。此后由于内燃机和电机的发明，工程机械得到较快的发展。第二次世界大战后发展更为迅速。其品种、数量和质量直接影响一个国家生产建设的发展，故各国都给予很大重视。

工程机械大致可分为如下几类：挖掘机械、铲土运输机械、起重机械、压实机械、桩工机械、钢筋混凝土机械、路面机械、凿岩机械、其他工程机械等。

1 挖掘类机械

挖掘类机械是用铲斗挖掘高于或低于承机面的物料，并装入运输车辆或卸至堆料场的土方机械。挖掘的物料主要是土壤、煤、泥沙及经过预松后的岩石和矿石。

一般工程中约60%的土方量、露天矿山80%的剥离量和采掘量是用挖掘机械完成的。挖掘机械分为单斗挖掘机和多斗挖掘机两类，单斗挖掘机的作业是周期性的，多斗挖掘机的作业是连续性的。

挖掘机械一般由动力装置、传动装置、行走装置和工作装置等组成。单斗挖掘机和斗轮挖掘机还有转台，多斗挖掘机还有物料输送装置。

动力装置有柴油机、电动机、柴油发电机组或外电源变流机组。柴油机和电动机大多用于中、小型挖掘机械，用一台原动机集中驱动，两者可互换。柴油发电机组和外电源变流机组用于大、中型挖掘机械，用多台电机分散驱动。

行走装置主要用来支承机器、使机器变换工作位置和转移作业场地，另外，链斗式挖掘机和环轮式挖掘机的铲斗，随着行走装置的连续行走而切削土壤。行走装置有履带式、轮胎式、步行式、轨行式、浮游式和拖挂式等几种。

挖掘机通常可分为单斗挖掘机（又可分为履带式挖掘机和轮胎式挖掘机）、多斗挖掘机（又可分为轮斗式挖掘机和链斗式挖掘机）、多斗挖沟机（又可分轮斗式挖沟机和链斗式挖沟机）、滚动挖掘机、铣切挖掘机、隧洞掘进机（包括盾沟机械）等。

a 履带式小型挖掘机械

b 轮式小型挖掘机械

c 挖掘装载机

d 采掘机

工程机械　[14] 工程、矿山机械

e 履带式液压挖掘机

f 轮式双驱动挖掘机

g 液压先导型轮式挖掘机

h 液压先导型履带挖掘机

i 轮斗式挖掘机

2 铲土运输类机械

铲土运输类机械主要由推土机（又可分为轮胎式推土机和履带式推土机）、铲运机（又可分为履带自行式铲运机、轮胎自行式铲运机和拖式铲运机）、装载机（又可分为轮胎式装载机和履带式装载机）、平地机（又可分为自行式平地机和拖式平地机）、翻斗车、运输车（又可分为单轴运输车和双轴牵引运输车）等组成。

a 轮胎式推土机

b 履带式推土机

c 履带自行式铲运机

工程、矿山机械 [14] 工程机械

d 轮胎式装载机

e 履带式装载机

f 自行式平地机

g 拖式平地机

h 小型翻斗车

i 大型翻斗车

3 起重机械

起重机械是一种作循环、间歇运动的机械。一个工作循环包括：取物装置从取物地把物品提起，然后水平移动到指定地点降下物品，接着进行反向运动，使取物装置返回原位，以便进行下一次循环。

通常起重机械由起升机构（使物品上下运动）、运行机构（使起重机械移动）、变幅机构和回转机构（使物品作水平移动），再加上金属机构、动力装置、操纵控制及必要的辅助装置组合而成。

起重机械通常包括塔式起重机、自行式起重机、桅杆起重机、抓斗起重机等。此外还包括一些工矿企业、码头等专用的起重设备，比如电动葫芦、龙门吊等。

a 起重机

b 塔式起重机

工程机械 [14] 工程、矿山机械

电动葫芦简称电葫芦，是一种轻小型起重设备。电动葫芦具有体积小，自重轻，操作简单，使用方便等特点，用于工矿企业，仓储码头等场所。起重量一般为 0.1～80t，起升高度为 3～30m。它由电动机、传动机构和卷筒或链轮组成，分为钢丝绳和环链两种。环链电动葫芦分为进口和国产两种；钢丝绳电动葫芦分 CD1 型、MD1 型、BCD1 型、BMD1；微型电动葫芦、卷扬机、多功能提升机等。通常用自带制动器的鼠笼型锥形转子电动机（或另配电磁制动器的圆柱形转子电动机）驱动。多数电动葫芦由人用按钮在地面跟随操纵，也可在司机室内操纵或采用有线（无线）远距离控制。

电动葫芦主要分为环链电动葫芦、钢丝绳电动葫芦、微型电动葫芦、卷扬机、多功能提升机等几类。

c 自行式起重机

d 桅杆起重机

e 抓斗起重机

f 胎式叠臂抓斗起重机

a 环链电动葫芦

b 钢丝绳电动葫芦

工程、矿山机械 [14] 工程机械

龙门吊，是一种大型起重机，横梁和立柱的结构呈"门"字形，可以在轨道上移动，具有较大的起重量。

目前造船厂、集装箱堆场等起重机分为两种，分别为轨道式集装箱起重机（RMG）和轮胎式集装箱起重机（RTG）。龙门吊即轨道式集装箱起重机，具有节能环保、可靠性高、起重能力大、维修保养工作量小、易于实现自动化操作等优点。可是它最大的缺点是不方便转移位置。

a 龙门吊

b 龙门吊

c 龙门吊

4 压实机械

压实机械是利用机械力使土壤、碎石等填层密实的土方机械。广泛用于地基、道路、飞机场、堤坝等工程。

压实机械按工作原理分为：静力碾压式、冲击式、振动式和复合作用式等。

静力碾压式压实机械是利用碾轮的重力作用，使被压层产生永久变形而密实。其碾轮分为：光碾、槽碾、羊足碾和轮胎碾等。光碾压路机压实的表面平整光滑，使用最广，适用于各种路面、垫层、飞机场道面和广场等工程的压实。槽碾、羊足碾单位压力较大，压实层厚，适用于路基、堤坝的压实。轮胎式压路机轮胎气压可调节，可增减压重，单位压力可变，压实过程有揉搓作用，使压实层均匀密实，且不伤路面，适用于道路、广场等垫层的压实。

冲击式压实机械是依靠机械的冲击力压实土壤。有利用二冲程内燃机原理工作的火力夯，利用离心力原理工作的蛙夯和利用连杆机构及弹簧工作的快速冲击夯等。其特点是夯实厚度较大，适用于狭小面积及基坑的夯实。

振动式压实机械是以机械激振力使材料颗粒在共振中重新排列而密实，如板式振动压实机。其特点是振动频率高，对黏结性低的松散土石，如砂土、碎石等压实效果较好。

复合作用压实机械是有碾压和振动作用的振动压路机，碾压和冲击作用的冲击式压路碾等。

振动作用的振动式压路机，是在压路机上加装激振器而成，为目前发展迅速的机型，有取代静力碾压式压实机的趋势。

a 静碾压系列

b 液压压路机

工程机械　[14] 工程、矿山机械

c 拖式振动压路机

d 手扶式振动压路机

e 单足式压路机

f 单钢轮压路机

g 单钢轮振动压路机

h 双钢轮振动压路机

i 液压振动压路机

j 轮胎式压路机

k 手扶式夯实机

145

工程、矿山机械 [14] 工程机械

l 振动夯实机

m 液压履带式强夯机

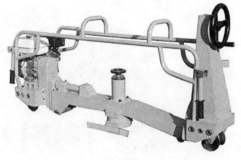

n 捣固机

5 桩工机械

现代工程地基基础的重要形式是各种桩基础、桩围幕等，打桩用的机械设备称为桩工机械。桩的种类比较多，根据用途可分为基础支承桩、防护围幕桩以及锚固桩等；根据材质可分为钢桩、钢筋混凝土桩、木桩、砂桩和灰土桩等；根据桩的制造工艺不同，可分为热轧钢桩、混凝土预制桩、灌注桩以及砂桩等；根据桩的断面形状不同，有方桩、圆桩、管桩、钢板桩、工字形钢桩等。

桩工机械分类主要包括钻孔机、柴油打桩机、振动打桩机、压桩机等。通常由桩锤、桩架及附属设备等组成。桩锤依附在桩架前部两根平行的竖直导杆（俗称龙门）之间，用提升吊钩吊升。桩架为一钢结构塔架，在其后部设有卷扬机，用以起吊桩和桩锤，桩架前面有两根导杆组成的导向架，用以控制打桩方向，使桩按照设计方位准确地贯入地层。塔架和导向架可以一起偏斜，用以打斜桩。导向架还能沿塔架向下延伸，用以沿堤岸或码头打水下桩。桩架能转动，也能移行。打桩机的基本技术参数是冲击部分重量、冲击动能和冲击频率。桩锤按运动的动力来源可分为落锤、汽锤、柴油锤、液压锤等。

a 液压打桩机

b 液压打桩锤

c 液压静力压桩机

工程机械　[14] 工程、矿山机械

d 振动打桩机

6 钢筋混凝土机械

混凝土是把水泥、砂石骨料和水混合并拌制成的混凝土混合料。整个过程主要由拌筒、加料和卸料机构、供水系统、原动机、传动机构、机架和支承装置等组成。

钢筋混凝土机械便是与混凝土的制备、运输等相关的一切机械设备。如混凝土搅拌机、混凝土搅拌站、混凝土搅拌楼、混凝土输送泵、混凝土搅拌输送车、混凝土喷射机、混凝土振动器、钢筋加工机械等。

混凝土搅拌机，按工作性质分间歇式（分批式）和连续式；按搅拌原理分自落式和强制式；按安装方式分固定式和移动式；按出料方式分倾翻式和非倾翻式；按拌筒结构形式分离式、鼓筒式、双锥、圆盘立轴式和圆槽卧轴式等。

b 连续式搅拌机

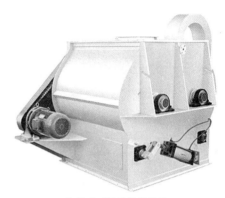

c 连续式干混砂浆搅拌机

d 双锥反转出料自落式混凝土搅拌机

a 连续式搅拌机

e 混凝土搅拌楼

147

工程、矿山机械 [14] 工程机械

f 混凝土搅拌运输车

7 路面机械

用于修建公路、城市道路的路面和飞机场道面等的一种机械；分为土路面施工机械、碎石路面施工机械、沥青混凝土路面施工机械和水泥混凝土路面铺筑机械四类。

土路面施工机械主要是混凝土搅拌机械；碎石路面施工机械主要是碎石摊铺机；沥青混凝土路面施工机械有：沥青储存、熔化和加热设备、沥青喷洒机、沥青混凝土搅拌设备、沥青混凝土摊铺机和石屑撒布机等；如平整机、道碴清筛机、扫路车等。

1818年，英国工程师布伦诺尔设计出挖掘机，在泰晤士河底下挖掘隧道。他观察过一种名叫凿船虫的蛀木软体动物，发现这种虫子利用圆管形硬壳支撑孔洞四周的特朵铖，继续向前钻进。于是受到启发，制造了一个箱形铁壳（称为盾构），利用千斤顶在松软的土壤中向前推进。挖掘工人则在铁壳内一面挖掘，一面在隧道内壁衬砖。1825年至1841年间，利用布伦诺尔设计的盾构凿通韦平到罗瑟海斯的世界第一条水下隧道，长约1100m。

1865年，英国桥梁工程师巴洛发明一种盾构，并注册了专利，这种盾构是圆筒形，直径较布伦诺尔设计的小，不用砖铺砌隧道内壁，而用铁块砌块。巴洛和工程师格雷特黑德利用这种盾构在一年之内凿通泰晤士河下的第二条隧道。格雷特黑德还改进挖隧道技术，以压缩空气抵消外面的水压，1890年，伦敦用这种技术建成世界第一条地下铁道。

凿岩机械常见的有凿岩台车、风动凿岩机、电动凿岩机、内燃凿岩机和潜孔凿岩机等。

a 扫路车

b 扫路车

8 凿岩机械

古代美索不达米亚人早已开挖隧道，但水下隧道却到19世纪才开挖成功。在土壤松软处挖隧道，要防止因泥和水渗入而坍塌。

a 凿岩台车

b 履带式折叠臂液压凿岩台车

工程机械 [14] 工程、矿山机械

9 装修机械

对建筑物表面进行修饰和加工处理的机械。主要用于房屋内外墙面和顶棚的装饰，地面、屋面的铺设及修整。有抹灰机、涂料喷涂机、裱糊机、地面修整机、屋面机、装修平台和吊篮、手持装修机具等。一般具有轻便灵活，转移方便，甚至可随身携带等优点。

装修机械的发展趋向是：随着建筑功能的提高和新型装饰材料的增多，不断开发新机种，扩大品种规格，逐步扩大机械配套，进一步减少振动、噪声和污染，提高安全可靠性，并朝轻型化、组合化、多能化方面发展。

（1）抹灰机　抹灰机是制备灰浆并将灰浆输送和喷涂到墙面或顶棚的机械。常用的有灰浆搅拌机，灰浆输送泵和喷浆机等。通常把上述机械配装成机组，可整体拖运，使用方便。

c 凿岩机

d 隧道盾构机

e 隧道盾构机

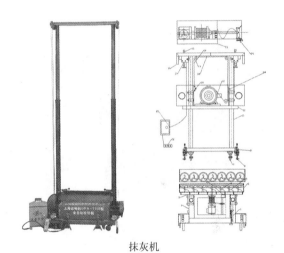

抹灰机

（2）涂料喷涂机　涂料喷涂机是将装饰涂料雾化并喷涂到建筑物表面的机械。按工作原理分有气喷涂和无气喷涂两种。

a 自动砂浆有气喷涂机

工程、矿山机械 [14] 工程机械

b 自动砂浆有气喷涂机

c 保温砂浆有气喷涂机

d 高压无气喷涂机

喷枪　排出阀　调压阀　手动辅助阀（反复按动）　吸液管　电机开关　卸液管

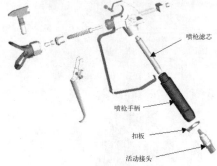

喷枪滤芯　喷枪手柄　扣板　活动接头

e 高压无气喷涂机

f 油动高压无气喷涂机

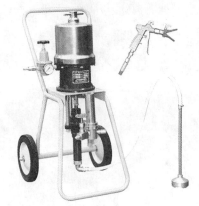

g 油漆专用喷涂机

(3) 裱糊机 裱糊机是将贴墙纸裱糊到室内墙面的机械。常用的有墙纸裁剪机、墙纸涂胶机和墙纸粘贴机等。

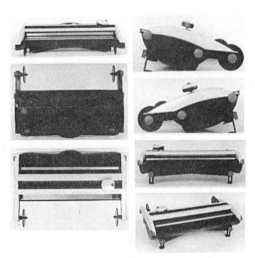

墙纸涂胶机

(4) 地面修整机 地面修整机是用磨削和抹光的方法修整房屋地面的机械。常用的有混凝土抹光机、地坪磨光机、地板刨平机、地板磨光机和打蜡机等。

a 混凝土抹光机

b 混凝土抹光机

c 地坪磨光机

d 打蜡机

(5) 装修平台和吊篮 装修平台和吊篮是可沿建筑物内外墙上下或左右运送材料和进行装修作业的机械。装修平台按其结构形式分单立柱式、双立柱式和叉式。装修吊篮按其在屋面上的支承方式有固定式和移动式两种。

吊篮

工程、矿山机械 [14] 工程机械

10 其他工程机械

其他工程机械包括架桥机、气动工具(风动工具)等。架桥机分为架设公路桥、常规铁路桥、客专铁路桥等几种。

a 公路架桥机

b 成套架桥设备

c 双导梁公路架桥机

d 常规公路架桥机

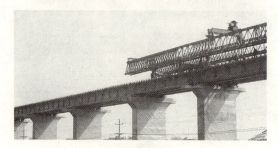

e 常用铁路架桥机

f 高铁架桥机

g 客专铁路架桥机

矿山机械　[14] 工程、矿山机械

矿山机械

矿山机械主要是指直接用于矿物开采和富选等作业的机械。包括采矿机械和选矿机械。广义上说，探矿机械也属于矿山机械。另外，矿山作业中还应用大量的起重机、输送机、通风机和排水机械等。

分类方法	类别	简述
采矿机械	采掘机械	又可分为钻炮孔用的钻孔机械，挖装矿岩用的挖掘机械和装卸机械，钻凿天井、竖井和平巷用的掘进机械
	采煤机械	主要机械有滚筒采煤机、刨煤机、弯曲刮板运输机、自移式液压支架、桥式转载机和伸缩胶带运输机等
	石油钻采机械	又叫石油矿场机械，包括陆地石油钻采机械和海洋石油钻采机械
选矿机械	破碎机械	破碎机械常用的有颚式破碎机、旋回破碎机、圆锥破碎机、辊式破碎机和反击式破碎机等
	粉磨机械	粉磨机械中使用最广的是筒式磨机，包括棒磨机、球磨机、砾磨机和自磨机等
	分选（选别）机械	分选机械按作用原理分为重力选矿机械、磁选机、浮选机和特殊选矿机械
	脱水机械	湿式选矿所得的精矿需要经过脱水机械处理，以使固、液体分离。脱水机械可分为浓缩机、过滤机、离心脱水机和干燥机

1 采矿机械

采矿机械包括开采金属矿石和非金属矿石的采掘机械；开采煤炭用的采煤机械；开采石油用的石油钻采机械。1868年，英国的沃克设计制造成功第一台风动圆片采煤机。19世纪80年代，美国有数百口油井用蒸汽为动力的冲击钻钻凿成功，1907年又用牙轮钻机钻凿油井和天然气井，并从1937年起将其用于露天矿钻进。主要分为采掘机械、采煤机械、石油钻采机械三类。

（1）采掘机械　采掘机械又可分为钻炮孔用的钻孔机械，挖装矿岩用的挖掘机械和装卸机械，钻凿天井、竖井和平巷用的掘进机械。钻孔机械分凿岩机（用于在中硬以上的岩石中钻凿炮孔）和钻机两类，钻机又有露天钻机和井下钻机之分；挖掘机械和装卸机械包括采矿正铲挖掘机、前端式装载机、抓岩机、装岩机、装运机和双臂式装载机等；掘进机械包括天井钻机、竖井钻机和平巷掘进机等。

（2）采煤机械　从20世纪40年代后期之后，采煤从单一生产工序的机械化，发展为全部工序的综合机械化，至20世纪80年代，广泛采用综合机械化采煤，主要机械有滚筒采煤机、刨煤机、弯曲刮板运输机、自移式液压支架、桥式转载机和伸缩胶带运输机等。

主要机械有滚筒采煤机、刨煤机、弯曲刮板运输机、自移式液压支架、桥式转载机和伸缩胶带运输机等。

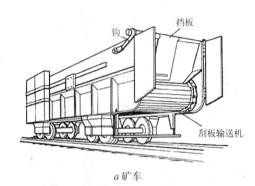

a 矿车

b 普通矿车

c 小型矿车

（3）石油钻采机械　石油钻采机械。又叫石油矿场机械，包括陆地石油钻采机械和海洋石油钻采机械。陆地石油钻采机械按开采工序分为钻井机械、采油机械、修井机械和维持油井高产的压裂、酸化机械；海洋石油钻采机械与陆地石油钻采机械相似，分为钻井装置和采油系统。在整个石油钻采设备中，石油钻机占70%，采油设备占20%，其余设备占10%。

2 选矿机械

选矿是在所采集的矿物原料中，根据各种矿物

工程、矿山机械 [14] 矿山机械

物理性质和化学性质的差异,选出有用矿物的过程。实施这种过程的机械称为选矿机械。

按选矿流程可分为破碎机械、粉磨机械、筛分机械、分选(选别)机械和脱水机械。选矿机械还用于建材、化工、玻璃、陶瓷等其他工业部门。

破碎机械常用的有颚式破碎机、旋回破碎机、圆锥破碎机、辊式破碎机和反击式破碎机等;粉磨机械中使用最广的是筒式磨机,它包括棒磨机、球磨机、砾磨机和自磨机等;筛分机械中常用的有惯性振动筛和共振筛;水力分级机和机械分级机是湿式分级作业中广泛使用的分级机械。

分选机械按作用原理分为重力选矿机械、磁选机、浮选机和特殊选矿机械。分选机械中出现最早的是重力选矿机械,最初的活塞式跳汰机于1830～1840年在德国出现,用于金属矿分选;第一台磁选机(带式弱磁选机)于1888年问世,浮选机出现较晚,第一台机械搅拌式的浮选机出现于1910年。

重力选矿机械是利用矿粒与矸石在密度和粒度的差异,在运动介质中进行分选的设备,包括跳汰机、重介质选矿机和离心选矿机等几种。

跳汰机是借助隔膜、活塞或压缩空气使水箱中的水形成水流,从而使置于筛网上的矿粒在脉动水流作用下按密度、粒度分层。密度大的矿粒穿过筛网上的床石层,聚集在水箱底部成为精矿,由排矿口排出。用于分选金属矿的主要有梯形跳汰机、双室可动锥底跳汰机和复振式跳汰机;用于选煤的有侧鼓式跳汰机和筛下空气室跳汰机。

重介质选矿机是利用悬浮液或重液作为重介质,使矿粒与矸石分离。主要有重介质振动溜槽、重介质旋液器、斜轮重介质选煤机和立轮重介质选煤机。

离心选矿机是用于回收微细矿泥中的金属矿粒的机械,主要由主机与控制机构两部分组成。在主机锥形转鼓高速旋转所产生的离心力场中,重矿粒沉积到转鼓壁上成为精矿,轻矿粒附在精矿表面,受到流膜(矿浆流)作用,排出转鼓,成为尾矿。

(1)破碎设备 常见的破碎设备主要包括颚式破碎机、圆锥破碎机、旋回式破碎机、锤式破碎机、辊式破碎机等。各种类型破碎机的适用范围如下:

颚式破碎机和圆锥破碎机适合于破碎非常坚硬的岩石块(抗压强度150～250MPa);旋回式破碎机适合于破碎坚硬(抗压强度在100MPa以上)和中等硬度(抗压强度100MPa左右)的岩石块。锤式破碎机适合于破碎中等硬度的脆性岩石(极限抗压强度在100MPa以下的);辊式破碎机适合于破碎中等硬度的韧性岩石(极限抗压强度70MPa左右)。

各种破碎机械和粉磨机械的主要破碎作用原理是,颚式破碎机、圆锥破碎机和辊式破碎机等,以挤压作用为主;锤式破碎机和反击式破碎机等,以冲击作用为主;轮碾机和辊式磨机等,以挤压兼碾磨作用为主;球磨机、棒磨机、振动磨机和喷射磨机等,以磨削兼撞击作用为主。

一般情况下,粗碎加工采用颚式破碎机、圆锥破碎机等,中碎加工采用圆锥破碎机、锤式破碎机、反击式破碎机等,细碎加工采用辊式破碎机等,粉磨加工采用球磨机、振动磨机、喷射式磨机等。但这也不是绝对的,有的机械既适合粗碎,也适合中碎。

a 颚式破碎机

b 圆锥破碎机

c 锤式破碎机

d 反击式破碎机

b 摆式磨机

c 球磨机

（2）粉磨机械 粉磨机械是指排料中粒度小于3mm的排料占总排料量50%以上的粉碎机械。这类机械通常按排料粒度的大小来分类：排料粒度为3～0.1mm者称为粗粉磨机械；排料粒度在0.1～0.02mm之间者称为细粉磨机械；排料粒度小于0.02mm者称为微粉碎机械或超微粉磨机械。粉磨机械的操作方法有干法和湿法两种。干法操作时物料在空气或其他气体中粉碎，湿法操作时物料则在水或其他液体中粉碎。粉磨机械常与筛分或分级机械联合工作。

常用的粉磨机械有轮碾机、球磨机、摆式磨机、各种磨煤机、振动磨、砂磨机、胶体磨等。

粉磨机械粉碎固体物料的主要方法有5种，即挤压、弯曲、劈裂、研磨和冲击。前4种都是使用静力，最后一种则应用动能。在绝大多数粉磨机械中，物料常在两种以上粉碎方法的作用下被粉碎，例如，在旋回破碎机中，主要应用挤压、劈裂和弯曲；在球磨机中，主要应用冲击和研磨。

d 砂磨机

a 轮碾机

e 胶体磨

工程、矿山机械 [14] 矿山机械

（3）重力选矿设备　重力选矿是细筛与磁聚机联合作业形成的工艺，以细筛控制粒度为基础，磁聚机工作为主。具有工艺可靠、结构简单、使用方便、节省能源等特点，特别是对于呈不均匀性嵌布的单一磁矿石最为适宜。磁团聚重选工艺可保证在其精矿品位不变的情况下，大幅度提高精矿粉产量，或使产量、质量两者均有一定程度的提高。这主要是由于该机分选精度高，能有效地分离出精矿中夹杂的脉石和贫矿连生体。可以在放粗粒度的条件下获得合格精矿，从而改善选别工艺流程。这是其他磁铁矿选别设备所不能比拟的。

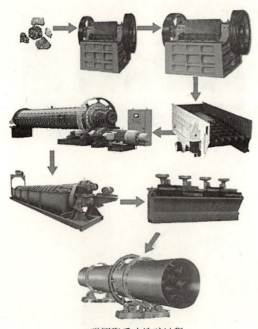

a 磁团聚重力选矿过程

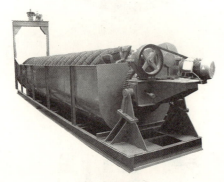

b 重力选矿设备

（4）磁选设备　磁选设备是利用各种矿物的磁性差异，借助磁力和机械力对矿物的作用进行分选的机械。磁选机由磁力系统、分选装置、给矿和排矿装置组成。磁选机种类很多，主要有永磁筒式磁选机、电磁平环强磁选机和高梯度强磁选机等。

磁选设备可以分选的矿物很多，比如：磁铁矿、褐铁矿、赤铁矿、锰菱铁矿、钛铁矿、黑钨矿、锰矿、碳酸锰矿、冶金锰矿、氧化锰矿、铁砂矿、高岭土、稀土矿等都可以用磁选机来选别。磁选过程是在磁选机的磁场中，借助磁力与机械力对矿粒的作用而实现分选的。不同的磁性的矿粒沿着不同的轨迹运动，从而分选为两种或几种单独的选矿产品。

其工作原理是矿浆经给矿箱流入槽体后，在给矿喷水管的水流作用下，矿粒呈松散状态进入槽体的给矿区。在磁场的作用下，磁性矿粒发生磁聚而形成"磁团"或"磁链"，"磁团"或"磁链"在矿浆中受磁力作用，向磁极运动，而被吸附在圆筒上。由于磁极的极性沿圆筒旋转方向是交替排列的，并且在工作时固定不动，"磁团"或"磁链"在随圆筒旋转时，由于磁极交替而产生磁搅拌现象，被夹杂在"磁团"或"磁链"中的脉石等非磁性矿物在翻动中脱落下来，最终被吸在圆筒表面的"磁团"或"磁链"即是精矿。精矿随圆筒转到磁系边缘磁力最弱处，在卸矿水管喷出的冲洗水流作用下被卸到精矿槽中。非磁性或弱磁性矿物被留在矿浆中随矿浆排出槽外，即是尾矿。

按照磁铁的种类来分可以分为：永磁磁选机和电磁除铁机，按照矿的干湿来分类可以分为：干式除铁机，湿式除铁机。

a 永磁磁选机

b 电磁除铁机

c 箱式磁选机

(5) 浮选机 浮选机是利用矿粒表面物理化学性质的差异,对细粒矿物进行分选的机械。矿粒浮选机附有浮选药剂,靠压缩空气或机械搅拌,使不易被水润湿的矿粒附着在气泡上(正浮选法),升至液面,通过排矿装置作为精矿排出,易被水润湿的矿粒留在槽体中作为中尾矿排出。

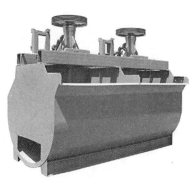

a 浮选机

b Sf 系列浮选机

(6) 脱水机械 湿式选矿所得的精矿需要经过脱水机械处理,以使固、液体分离。脱水机械可分为浓缩机、过滤机、离心脱水机和干燥机。

a 浓缩机

b 密封过滤器

c 离心脱水机

制造业专用生产加工设备 [15] 柔性加工设备

各类制造业专用生产加工设备门类繁多，分类也十分复杂。这里所说的制造业专用生产加工设备，是指除去前述机器设备以外，为生产加工某一产品或原材料、半成品所使用的机械设备。它包括：柔性加工设备、快速成型设备、塑料成型设备、木工机械、纺织及制衣机械、鞋类加工设备、皮革加工设备、造纸及加工机械、食品机械以及电子产品制造设备等等。各类专用生产加工设备的简要介绍见下表：

类别	简述
柔性加工设备	柔性制造技术是对各种不同形状加工对象实现程序化柔性制造加工的各种技术的总和。它是技术密集型的技术群，我们认为凡是侧重于柔性，适应于多品种、中小批量（包括单件产品）的加工技术都属于柔性制造技术
快速成型设备	快速成型制造技术，又叫快速成形技术（简称RP技术）。它可以在无需准备任何模具、刀具和工装卡具的情况下，直接接受产品设计（CAD）数据，快速制造出新产品的样件、模具或模型
塑料成型设备	是塑料加工工业中主要的机械和装置，是将某些流体和固体予以输送、分离、破碎、磨碎以及干燥的通用性机械和设备，在塑料加工工业中也占有重要地位
木工机械	是指在木材加工工艺中，将木材加工的半成品加工成为木制品的一类机床
纺织及制衣机械	把天然纤维或化学纤维加工成为纺织品所需要的各种机械设备。广义的纺织机械还包括生产化学纤维的化工机械
皮革加工设备	主要包括压花机、片皮机、剖层机、量革机、挤水机、刻楦机、裁断机等设备
造纸及加工机械	主要包括装订机、覆膜机、上光机、烫金机、模切机、折页机、复合机、分切机、打孔机等设备
食品机械	指的是把食品原料加工成食品（或半成品）过程中所应用的机械设备和装置
电子产品制造设备	主要包括镏钉机、点胶机、电容剪脚机、充磁机、绕线机、绞线机、端子机、热压机、振动盘、熔接机、切脚机等设备

柔性加工设备

现代产品的生产大多都是在生产流水线上实现的，生产系统的柔性可以表述为两个方面，第一是系统适应外部环境变化的能力，可用系统满足新产品要求的程度来衡量；第二是系统适应内部变化的能力，可用在有干扰（如机器出现故障）情况下，系统的生产率与无干扰情况下的生产率期望值之比来衡量。所谓"柔性"是相对于"刚性"而言的，传统的"刚性"自动化生产线主要是为了实现单一品种的大批量生产。其优点是生产率很高，设备利用率也很高，单件产品的成本低。但系统价格昂贵，而且只能加工一个或几个相类似的零件，难以应付多品种中小批量的生产。随着批量生产时代正逐渐被适应市场动态变化的多品种，中小批量生产模式所取代。

制造自动化系统的生存能力和竞争能力在很大程度上取决于它是否能在很短的开发周期内，生产出较低成本、较高质量的不同品种产品的能力。

柔性的含义主要包括：

1) 机器柔性 当要求生产一系列不同类型的产品时，机器随产品变化而加工不同零件的难易程度。

2) 工艺柔性 一是工艺流程不变时自身适应产品或原材料变化的能力，二是制造系统内为适应产品或原材料变化而改变相应工艺的难易程度。

3) 产品柔性 一是产品更新或完全转向后，系统能够非常经济和迅速地生产出新产品的能力，二是产品更新后，对老产品有用特性的继承能力和兼容能力。

4) 维护柔性 采用多种方式查询、处理故障，保障生产正常进行的能力。

5) 生产能力柔性 当生产量改变时系统也能经济地运行的能力。对于根据订货而组织生产的制造系统，这一点尤为重要。

6) 扩展柔性 当生产需要的时候，可以很容易地扩展系统结构，增加模块，构成一个更大系统的能力。

7) 运行柔性 利用不同的机器、材料、工艺流程来生产一系列产品的能力和同样的产品，换用不同工序加工的能力。

柔性制造技术是对各种不同形状加工对象实现程序化柔性制造加工的各种技术的总和。柔性制造技术是技术密集型的技术群，一般认为凡是侧重于柔性，适应于多品种、中小批量（包括单件产品）的加工技术都属于柔性制造技术。柔性加工设备所涉及的内容十分广泛，这里仅简要介绍柔性生产线所使用的工业机器人及机械手（见下表）：

设备名称	简述
工业机器人	是广泛适用的、能够自主动作且多轴联动的机械设备。它们通常配备有机械手、刀具或其他可装配的加工工具，能够执行搬运操作与加工制造的任务
工业机械手	能模仿人手和臂的某些动作功能，用以按固定程序抓取、搬运物件或操持工具的自动操作装置

柔性加工设备 [15] 制造业专用生产加工设备

1 工业机器人

工业机器人由操作机（机械本体）、控制器、伺服驱动系统和检测传感装置构成，是一种仿人操作、自动控制、可重复编程、能在三维空间完成各种作业的机电一体化自动化生产设备。特别适合于多品种、变批量的柔性生产。它对稳定、提高产品质量，提高生产效率，改善劳动条件和产品的快速更新换代起着十分重要的作用。

工业机器人在工业生产中能代替人做某些单调、频繁和重复的长时间作业，或是危险、恶劣环境下的作业，例如在冲压、压力铸造、热处理、焊接、涂装、塑料制品成形、机械加工和简单装配等工序上，以及在原子能工业等部门中，完成对人体有害物料的搬运或工艺操作。

由于工业机器人具有一定的通用性和适应性，能适应多品种中、小批量的生产，20世纪70年代起，常与数字控制机床结合在一起，成为柔性制造单元或柔性制造系统的组成部分。

工业机器人由主体、驱动系统和控制系统三个基本部分组成。主体即机座和执行机构，包括臂部、腕部和手部，有的机器人还有行走机构。大多数工业机器人有3~6个运动自由度，其中腕部通常有1~3个运动自由度；驱动系统包括动力装置和传动机构，用以使执行机构产生相应的动作；控制系统是按照输入的程序对驱动系统和执行机构发出指令信号，并进行控制。

工业机器人按臂部的运动形式分为四种。直角坐标型的臂部可沿三个直角坐标移动；圆柱坐标型的臂部可作升降、回转和伸缩动作；球坐标型的臂部能回转、俯仰和伸缩；关节型的臂部有多个转动关节。

工业机器人按执行机构运动的控制机能，又可分点位型和连续轨迹型。点位型只控制执行机构由一点到另一点的准确定位，适用于机床上下料、点焊和一般搬运、装卸等作业；连续轨迹型可控制执行机构按给定轨迹运动，适用于连续焊接和涂装等作业。

具有触觉、力觉或简单的视觉的工业机器人，能在较为复杂的环境下工作；如具有识别功能或更进一步增加自适应、自学习功能，即成为智能型工业机器人。它能按照人给的"宏指令"自选或自编程序去适应环境，并自动完成更为复杂的工作。

分类方法	类别	简述
按臂部的运动形式分	直角坐标型	臂部可沿三个直角坐标移动
	圆柱坐标型	臂部可作升降、回转和伸缩动作
	球坐标型	臂部能回转、俯仰和伸缩
	关节型	臂部有多个转动关节
按执行机构运动的控制机能分	点位型	只控制执行机构由一点到另一点的准确定位，适用于机床上下料、点焊和一般搬运、装卸等作业
	连续轨迹型	可控制执行机构按给定轨迹运动，适用于连续焊接和涂装等作业
按程序输入方式分	编程输入型	是将计算机上已编好的作业程序文件，通过RS232串口或者以太网等通信方式传送到机器人控制柜
	示教输入型	示教方法有两种：一种是由操作者用手动控制器（示教操纵盒），将指令信号传给驱动系统，使执行机构按要求的动作顺序和运动轨迹操演一遍；另一种是由操作者直接领动执行机构，按要求的动作顺序和运动轨迹操演一遍

a 工业机器人

b CCR-RB6B 工业机器人

制造业专用生产加工设备 [15] 柔性加工设备

2 工业机械手

能模仿人手和手臂的某些动作功能，用以按固定程序抓取、搬运物件或操持工具的自动操作装置。采用机械手可以代替人做繁重劳动，实现生产的机械化和自动化，能在有害环境下进行操作，保证人身安全。机械手广泛用于机械制造、冶金、轻工和原子能等部门，常用作机床的附加装置，如在自动机床和柔性生产线上装卸和传送工件，在加工中心上用以更换刀具等。机械手主要由手部和运动机构组成。

c KR180 依利达工业机器人

d 库卡 KR 470 PA 码垛机器人

e 库卡 KR 700 PA 码垛机器人

f 五自由度机器人

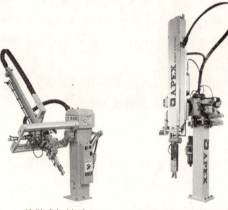

a 旋臂式机械手　　b 注塑机专用取出机械手

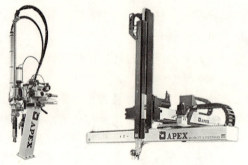

c 注塑机专用机械手

d 单轴伺服横式机械手

e 气动横走机械手

塑料成型设备

塑料成型设备是指将流体和固体塑料原料输送、分离、破碎、磨碎以及干燥、熔融,并使之成型为产品的通用性机械和设备,它在塑料加工工业中占有重要地位。

自19世纪70年代出现聚合物注射成型工艺和简单的成型设备以来,塑料产品逐步商品化,已在各行各业和人们日常生活中广泛使用,并成为国民经济的重要产业。

现代塑料成型设备是在橡胶机械和金属压铸机的基础上发展起来的,其技术进步除有赖于机械工程和材料科学的发展外,还特别与塑料工程理论研究的进展密切相关。

塑料成型机成型方法有:注射成型、挤出成型和吹塑成型。具体的塑料成型机械有注塑机、挤塑机、吹塑机。

1 注塑机

塑料注射成型是一种注射兼模塑的成型方法,其设备称为塑料注射成型机,简称注塑机。塑料注射成型机是将热塑性塑料和热固性塑料制成各种塑料制品的主要成型设备。普通塑料注射成型机是指目前应用最广泛的,加工热塑性塑料的单螺杆或柱塞的卧式、立式或角式的单工位注塑机。而其他类注射成型机如热固性塑料、结构发泡、多组分、反应式、排气式注塑机,是指被加工物料和机器结构特征与普通塑料注射成型机有较大差别的一些注射成型机。

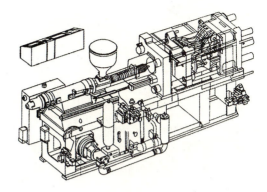

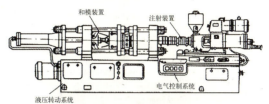

b 螺杆式塑料机的结构

c 大型卧式注塑机

d 中型卧式注塑机

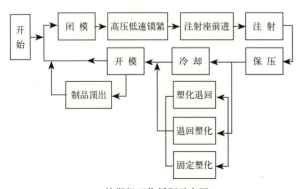

a 注塑机工作循环示意图

e 单色立式注塑机

制造业专用生产加工设备 [15] 塑料成型设备

f 大型立式注塑机

g 双色立式注塑机

2 挤塑机

在塑料挤出成型设备中，塑料挤出机通常称之为主机，而与其配套的后续设备塑料挤出成型机则称为辅机。塑料挤出机经过100多年的发展，已由原来的单螺杆衍生出双螺杆、多螺杆，以及无螺杆等多种机型。塑料挤出机（主机）可以与管材、薄膜、棒材、单丝、扁丝、打包带、挤网、板（片）材、异型材、造粒、电缆包覆等各种塑料成型辅机匹配，组成各种塑料挤出成型生产线，生产各种塑料制品，是塑料加工行业中得到广泛应用的机种之一。

a 单螺杆塑料挤出机

b 锥型双螺杆塑料挤出机

c 大型双螺杆塑料挤出机

d 大型挤出成套设备

3 压延机

将预热至加工温度的热塑性塑料，经过至少两个异向旋转的压辊的辊隙，使其成为连续薄膜或片材的塑料加工机械。压延机由机架、压辊及其调节装置、传动系统和加热系统等部分组成。

普通压延机主要由辊筒、机架、辊距调节装置、辊温调节装置、传动装置、润滑系统和控制系统等组成。精密压延机除了具有普通压延机主要零部件和装置外，增加了保证压延精度的装置。压型压延机用以将胶料压成一定厚度和一定断面形状；万能压延机能进行擦胶、贴胶和压片各项工作；实验用压延机供试验用。

压延机按照辊筒数目可分为两辊、三辊、四辊和五辊压延机等；按照辊筒的排列方式又可分为"L"型、"T"型、"F"型、"Z"型和"S"型等。

塑料成型设备 [15] 制造业专用生产加工设备

a 小型两辊压延机

b 五轮压延机

c 大型压延机

4 吸塑机

吸塑成型又叫热塑成型。这种成型工艺主要是利用真空泵产生的真空吸力将加热软化后的 PVC、PET、PETG、APTT、PP、PE、PS 等热可塑性塑料片材经过模具吸塑成各种形状的真空罩、吸塑托盘、泡壳等。

主要构造是由给料、拉料、上下电加热炉、下闸、多功能可调尺寸、下模盘、上模、上闸、刀闸、切片、放片及配以真空装置等构成；以气动装置为主动力源，其拉片、送片采用电动减速器、时间继电器、中间继电器、行程开关等电器组成全自动控制系统。

热成型机塑料热成型方法有三种，即阴模成型、阳模成型和对模成型。热成型机械应能依照一定的程序重复热成型生产循环，制造完全相同的产品。热成型机的类型很多，有手动、半自动和自动化热成型机。热成型产品的体积大而数量少，适宜选用半自动或手动热成型机。反之，产品的体积小而数量多，则选用自动化热成型机比较合适。

a 真空吸塑成型机

b 全自动高速真空吸塑机

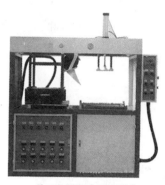

c 单工位吸塑成型机副本

5 吹膜机

吹膜机是将塑料粒子加热融化再吹成薄膜的机器。

吹膜机分很多种，有 PE、POF 等。用全新的粒子吹出的是新料，色泽均匀干净，袋子拉伸好；用回收的塑料袋来制成粒子叫旧料，制成粒子时通常是灰色的，在制成袋子时要添加色素，制成袋子着色不匀，脆且易断，价格也较低。吹膜机生产的薄膜适用于各种高档薄膜包装。这种膜由于其阻隔性好，保鲜、防湿、防霜冻、隔氧、耐油，可广泛用于轻重包装。如各种鲜果、肉食品、酱菜、鲜牛奶、液体饮料、医药用品等。但它不是用垃圾塑料做原料，是用塑料颗粒原料。

163

制造业专用生产加工设备 [15] 塑料成型设备

a 三层共挤吹膜机

d 单螺杆双模头吹膜机组

b 高速吹膜机

c 多层共挤上吹旋转牵引式包装薄膜吹膜机

6 中空吹塑机

吹塑也称中空吹塑，是一种发展迅速的塑料加工方法。热塑性树脂经挤出或注射成型得到的管状塑料型坯，趁热（或加热到软化状态），置于对开模中，闭模后立即在型坯内通入压缩空气，使塑料型坯吹胀而紧贴在模具内壁上，经冷却脱模，即得到各种中空制品。吹塑薄膜的制造工艺在原理上和中空制品吹塑十分相似，但它不使用模具，从塑料加工技术分类的角度看，吹塑薄膜的成型工艺通常列入挤出中。吹塑工艺在第二次世界大战期间，开始用于生产低密度聚乙烯小瓶。20世纪50年代后期，随着高密度聚乙烯的诞生和吹塑成型机的发展，吹塑技术得到了广泛应用。中空容器的体积可达数千升，有的生产已采用了计算机控制。适用于吹塑的塑料有聚乙烯、聚氯乙烯、聚丙烯、聚酯等，所得之中空容器广泛用作工业包装容器。

吹塑成型由两个基本步骤构成：先成型型坯，后用压缩空气（与拉伸杆）来径向吹胀（与轴向拉伸）型坯，使之贴紧（拉伸）吹塑模具型腔，把模腔的形状与尺寸赋予制品，并冷却之。根据型坯成型的方法，吹塑成型分为挤出吹塑成型和注射吹塑成型两大类。挤出吹塑成型的设备（尤其模具）造价及能耗较低，可成型大容积容器与形状复杂的制品；注射吹塑成型的容器，有较高的尺寸精度，不形成接合缝，一般不产生边角料。

塑料成型设备 [15] 制造业专用生产加工设备

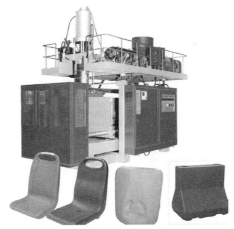

a ZK-100B 全自动中空吹塑机及所加工的产品

b 全自动中空吹塑机及所加工的产品

c 全自动中空吹塑机及所加工的产品

d 大型储料式中空吹塑机及所加工的产品

e 2L 单工位吹塑机

f 5L 双工位吹塑机

7 塑料造粒机

塑料造粒机是制造塑料颗粒原料的设备，其主机是挤塑机，它由挤压系统、传动系统和加热冷却系统组成。

（1）挤压系统

挤压系统包括螺杆、机筒、料斗、机头和模具，塑料通过挤压系统而塑化成均匀的熔体，并在这一过程的压力下，被螺杆连续地挤出机头。

（2）传动系统

传动系统的作用是驱动螺杆，供给螺杆在挤出过程中所需要的力矩和转速，通常由电动机、减速器和轴承等组成。

（3）加热冷却装置

加热与冷却是塑料挤出过程能够进行的必要条件。

a 塑料造粒机

制造业专用生产加工设备 [15] 塑料成型设备

b TL型A类单头干湿两用造粒机

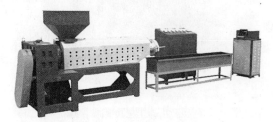

c PVC-65-150型聚氯乙烯造粒机

d 废旧塑料薄膜造粒机

e SJ-65～150系列双头造粒机组

8 塑机辅机

塑机辅机即注塑机的辅助设备及其周边设备。塑机辅机在塑料加工中，对于提高塑料产品质量、提高原材料利用率、回收率、降低成本、避免污染、降低混料所造成的不良率，减少塑料、人工、管理、仓储、购料资金的浪费与损耗是必不可少的。

辅机是成套的辅助设备，可分为加工用辅助设备以及注塑生产等辅助设备。

塑机辅机设备包括强力破碎机、中速慢速机、工业冷水机、模具控温机、除湿干燥机、混色搅拌机、自动填料机、自动磨粉机、工业水塔机、塑机设备配件以及其他注塑机辅助设备。

a 强力破碎机

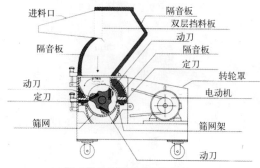

b 强力快速塑料破碎机构造原理图

c 中速破碎机

塑料成型设备 [15] 制造业专用生产加工设备

d 工业冷水机

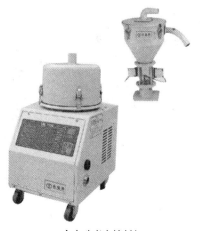

h 全自动真空填料机

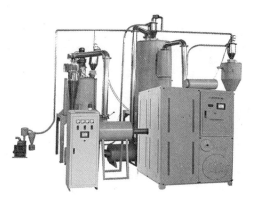

e PET-FCS 蜂巢式除湿干燥机

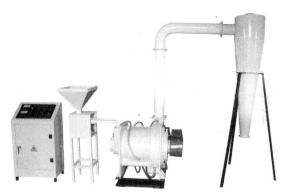

i 高速塑料磨粉机

f 立式混色机

9 发泡设备

发泡机用于产品包装时在容器与衬有薄膜的内装物之间的空隙处注入能产生塑料泡沫的原料，并通过化学反应形成紧包内装物的泡沫体缓冲材料的机器。

发泡设备本身是不能凭空产出泡沫的，它是将空气引入发泡剂中均匀分散，实现液气尽可能大的接触面，以使发泡剂中的表面活性物在液膜表面形成双电层并包围空气，形成一个个气泡。

g 卧式混色机

a 低压发泡机

167

制造业专用生产加工设备 [15] 塑料成型设备·快速成型设备

b 高压发泡机

c 聚氨酯发泡机

d 全自动发泡机

快速成型设备

快速成型制造技术，又叫快速成型，（简称RP技术）；它是90年代发展起来的一项先进制造技术，是为制造业企业新产品开发服务的一项关键共性技术，对促进企业产品创新、缩短新产品开发周期、提高产品竞争力有积极的推动作用。自该技术问世以来，已经在发达国家的制造业中得到了广泛应用，并由此成为一个新兴的技术领域。

RP技术是在现代CAD/CAM技术、激光技术、计算机数控技术、精密伺服驱动技术以及新材料技术的基础上集成发展起来的。不同种类的快速成型系统因所用成型材料不同，成型原理和系统特点也各有不同。但是，其基本原理都是一样的，那就是"分层制造，逐层叠加"，类似于数学上的积分过程。形象地讲，快速成型系统就像是一台"立体打印机"。

RP技术可以在无需准备任何模具、刀具和工装卡具的情况下，直接接受产品设计（CAD）数据，快速制造出新产品的样件、模具或模型。因此，RP技术的推广应用可以大大缩短新产品开发周期、降低开发成本、提高开发质量。由传统的"去除法"到今天的"增长法"，由有模制造到无模制造，这就是RP技术对制造业产生的革命性意义。

RP技术的基本原理是：将计算机内的三维数据模型进行分层切片得到各层截面的轮廓数据，计算机据此信息控制激光器（或喷嘴）有选择性地烧结一层接一层的粉末材料（或固化一层又一层的液态光敏树脂，或切割一层又一层的片状材料，或喷射一层又一层的热熔材料或黏合剂）形成一系列具有一个微小厚度的片状实体，再采用熔结、聚合、黏结等手段使其逐层堆积成一体，便可以制造出所设计的新产品样件、模型或模具。自美国3D公司1988年推出第一台商品SLA快速成型机以来，已经有十几种不同的成型系统，其中比较成熟的有SLA、SLS、LOM和FDM等方法。

1 SLA快速成型系统

成型材料：液态光敏树脂；

制件性能：相当于工程塑料或蜡模；

主要用途：高精度塑料件、铸造用蜡模、样件或模型。

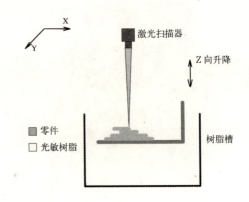

快速成型设备　[15] 制造业专用生产加工设备

2 SLS 快速成型系统

成型材料：工程塑料粉末；
制件性能：相当于工程塑料、蜡模、砂型；
主要用途：塑料件、铸造用蜡模、样件或模型。

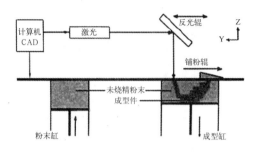

3 LOM 快速成型系统

成型材料：涂敷有热敏胶的纤维纸；
制件性能：相当于高级木材；
主要用途：快速制造新产品样件、模型或铸造用木模。

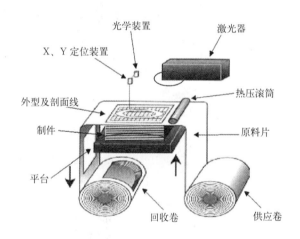

4 FDM 快速成型系统

成型材料：固体丝状工程塑料；
制件性能：相当于工程塑料或蜡模；
主要用途：塑料件、铸造用蜡模、样件或模型。

应用 RP 技术的重要意义在于：

① 大大缩短新产品研制周期，确保新产品上市时间，使模型或模具的制造时间缩短数倍甚至数十倍；提高了制造复杂零件的能力，使复杂模型的直接制造成为可能；

② 显著提高新产品投产的一次成功率，可以及时发现产品设计的错误，及时更改，避免后续工序所造成的大量损失；

③ 支持同步（并行）工程的实施，使设计、交流和评估更加形象化，使新产品设计、样品制造、市场订货、生产准备等工作能并行进行；支持技术创新、改进产品外观设计，有利于优化产品设计，这对工业外观设计尤为重要；

④ 成倍降低新产品研发成本，节省了大量的开模费用；快速模具制造可迅速实现单件及小批量生产，使新产品上市时间大大提前，迅速占领市场。

常用的快速成型机有以下几种：

a 激光快速成型机

b Z810 大型彩色快速成型机

c SLA 激光快速成型机

制造业专用生产加工设备 [15] 快速成型设备·木工机械

d 立体打印机

e 激光三维打印机

a 立式木工带锯机

b 卧式木工带锯机

c 木工圆锯台

d 手拉圆片锯

木工机械

木工机械是指在木材加工工艺中，将木材加工的半成品加工成为木制品的一类机床。家具机械是木工机械的重要组成部分。

通用的木工机械有：

1) 原木加工机械

原木加工机械是指对原木进行初道的加工和处理的机械，如对木材进行锯切、去木皮、除湿、烘干等机械。

2) 木板制造及加工机械

木板制造及加工机械主要指实木板及人造板（胶合板、中密度板、刨花板等材料）的制造机械；它还包括对板材的表面进行处理的机械，如拼板机、指接机、冷热压机、覆面机等。

3) 家具制造机械

家具制造机械包括板式家具、办公家具、实木家具以及其他木制品加工制造需要用的机械。按自动化程度分，有手动、半自动、全自动之分；按功能分，有锯切、成型、仿形、钻孔、开榫槽、拼接组合、涂胶、上漆及包装等各种类别的机械。

1 木工锯

木工锯是用锯来锯切原木或成材的木工机床，分为木工带锯机、木工圆锯机和木工框锯机等。

木工机械 [15] 制造业专用生产加工设备

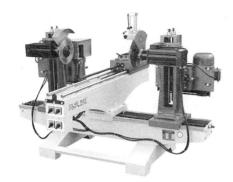

e 双端铣锯机

f 电子开料锯

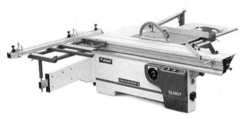

g 精密推台锯

a 木工平刨床

b 自动送料木工平刨床

c 单面木工压刨床

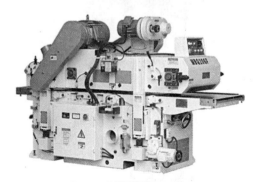

d 双面刨床

e 四轴四面木工刨床

② 木工刨床

木工刨床是用旋转或固定刨刀加工木料的平面或成形面的木工机床。按照不同的工艺用途，可分为平刨床、单面压刨床、双面刨床、三面刨床、四面刨床和精光刨床等。

(1) 木工平刨床 用来刨削工件的一个基准面或两个直交的平面平刨主要用于板材的拼合面的加工。

(2) 木工压刨床 用于刨削板材和方材，以获得精确的厚度。分单面木工压刨床和双面木工刨床。双面木工刨床由两个刀轴同时加工，按刀轴布置方式的不同，可刨削工件的相对两面或相邻两面。

(3) 三面木工刨床 利用三个刀轴同时刨光工件的三个面。

(4) 四面木工刨床 利用4～8根刀轴同时刨光工件的四个面，生产率较高，适用于大批量生产。

(5) 木工精光刨床 利用固定刨刀片装在工作台中部，板料由无接缝带带动，高速通过刀具，将前道工序留下的波浪形刀痕刮去，使其光滑平直，精光刨床适用于木料平面的最后精加工。

171

制造业专用生产加工设备 [15]　木工机械

f 七轴四面木工刨床

g 木工精光刨床

3 木工钻床

木工钻床是用钻头在工件上加工通孔或盲孔的木工机床。木工钻床有卧式和立式，单轴和多轴之分，主要用于木料钻孔、加工圆榫孔和修补节疤等。

c 立式木工钻床

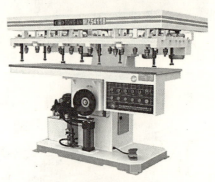

d 立式多轴木工钻床

a 卧式木工钻床

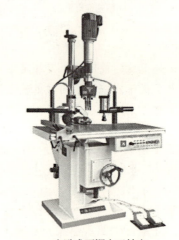

e 立卧式可调木工钻床

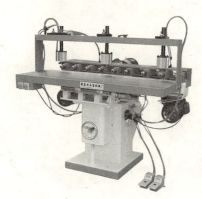

b 卧式多轴木工钻床

f 三排木工钻床

木工机械 [15] 制造业专用生产加工设备

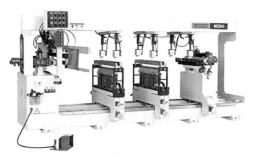

g 四排木工钻床

h 自动送料六轴木工钻床

4 木工铣床

木工铣床是用高速旋转的铣刀将木料开槽、开榫和加工出成形面等的木工机床。木工铣床分为立式单轴木工铣床、木模铣床和镂铣机三种。

立式单轴木工铣床的刀具装在从固定工作台伸出的垂直铣刀轴上，铣刀轴可倾斜和上下调整。工件紧贴固定工作台面和导板由手动送进，也可使用导向辊和成形铣夹具进行侧面的成形铣削，还可将工件夹紧在活动工作台上加工榫头和端面。

木模铣床的刀轴装在悬臂前部，可在垂直平面内转一角度。悬臂可在立柱上升降。工件夹紧在工作台上，可作纵向、横向和回转进给。木模铣床主要用于模型加工。

镂铣机的刀具主轴转速很高（达2万转／min），工件和靠模重叠固定在夹具底板上。靠模绕工作台中心的定位销转动或移动时，铣刀即在工件上铣出相应的形状。

b 立式单轴木工铣床

c 立式单轴推台木工铣床

d 立式双轴木工铣床

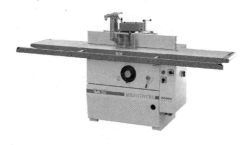

a 立式单轴木工铣床

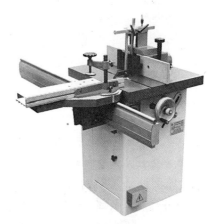

e 木工铣床

173

制造业专用生产加工设备 [15]　木工机械

配置为：1个圆锯轴、2个水平铣刀轴、2个垂直铣刀轴和1个中槽铣刀轴，分别用来截齐端头和铣削榫颊、榫肩、中槽。刀轴距离可以调节，工件夹紧在活动工作台上，用手推送至各刀轴处加工。

双头直榫开榫机　实际上是两台位于工件两侧的单头直榫开榫机的组合用于两端同时开榫。工件被压紧在两条同步运转的履带送料装置上向刀轴进给，移动活动立柱可调节榫槽宽度。这种榫槽机生产率高，适用于大批量生产。

燕尾榫开榫机　用于加工贯通燕尾榫或半隐燕尾榫。燕尾形铣刀装在垂直主轴上，两块板料工件互相垂直地夹紧在工作台上。工作台沿靠模作"U"字形轨迹的运动，同时加工出阴阳燕尾榫。也有工作台固定，刀轴作"U"字形轨迹运动。

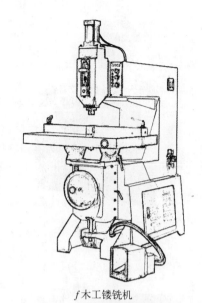

f 木工镂铣机

a 单头直榫开榫机

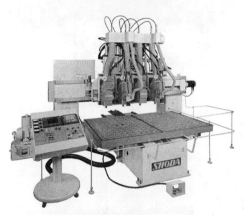

g 数控镂铣机

b 单头锯片开榫机

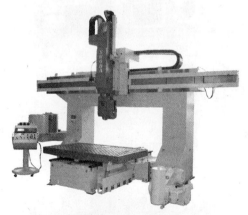

h 数控镂铣机（五轴加工中心）

5　开榫机

开榫机是加工木制品榫头（阳榫）的木工机床。开榫机有直榫开榫机和燕尾榫开榫机两类，前者又分为单头和双头两种，后者又分为立式和卧式两种。

单头直榫开榫机　有4～6根主轴，分别由单独的电动机驱动。6轴开榫机有4个工位，各轴的

c 单轴燕尾榫机

木工机械　[15] 制造业专用生产加工设备

d 单头直榫开榫机

e 自动开榫机

f 半自动梳齿榫开榫机

g 复式双端开榫机

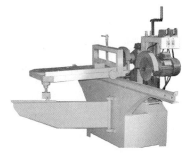

h 多功能木工开榫断肩机

i 卧式双端榫槽机

j 五碟出榫机

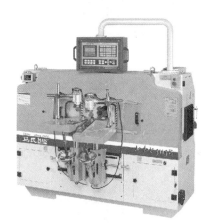

k 数控榫头机

l 立式单轴榫槽机

175

制造业专用生产加工设备 [15] 木工机械

6 木工砂带机

木工砂带机是用于修磨木料，磨光木材表面的机械，包括砂带、容纳砂带的砂带壳体、电机、容纳电机的电机壳体、手柄、主动轮、从动轮以及连接所述电机与主动轮的传动装置组成。

a 双头砂带机

b 立式砂带机

c 立卧带式磨光机

d 圆盘砂磨机

e 浮动式底漆砂带机

f 双砂架砂光机

7 涂胶机

涂胶机是将胶浆涂在木材粘接面上，以便提高木材构件之间结合强度的设备，常用于制造多层胶合板的生产线。

a 涂胶机

b 涂胶机

木工机械·纺织及制衣机械　[15] 制造业专用生产加工设备

c 单双面涂胶机

8 烘干机

在木板生产过程中，完成上胶工艺以后，及时进行烘干，保证木板生产质量，避免木板翘曲、脱胶等质量缺陷。

a 木板烘干机设备

b 大型铝合金木材烘干设备

c 微波木材烘干设备

纺织及制衣机械

纺织及制衣机械是指把天然纤维或化学纤维加工成为服装等纺织品所需要的各种机械设备。广义的纺织机械还包括生产化学纤维的化工机械。纺织机械是纺织工业的生产手段和物质基础，其技术水平、质量和制造成本，直接关系到纺织工业的发展。

人类最初用天然纤维作为原料纺纱织布，早于文字的发明。中国在春秋战国时已经使用手摇纺车纺纱，宋代已经发明了 30 多个锭子的水力大纺车。1769 年，英国的 K.阿克顿特制出水力纺纱机。1779 年，英国的 S.克朗普顿发明走锭纺纱机。1828 年，美国的 J.索普发明环锭纺纱机，因采用连续纺纱使生产率提高数倍。1733 年，英国的 J.凯发明飞梭，打击梭子使其高速飞行，织机生产率得以成倍提高。1785 年，英国的 E.卡特赖特发明动力织机，同年英国建成世界上第一个用蒸汽机为动力的棉纺织厂。19 世纪末至 20 世纪中期，人造纤维和合成纤维相继面世，从而拓宽了纺织机械的领域，增添了化学纤维机械一个门类。为适应化学纤维加工的需要，对纺、织、染整设备作了改进。20 世纪 50 年代以后，一些新的纺纱织布方法相继出现，部分地取代了传统方法，以高得多的效率生产纺织物，如转杯纺纱、非织造布（俗称无纺布）等。现代纺织机械的特点和发展方向为：①工艺性、连续性和成套性。②高速度、高效率和省维护。③标准化、系列化和通用化。④低能耗、低噪声和低公害。

纺织机械按生产过程分为纺纱设备、织造设备、印染设备、整理设备，另外还有化学纤维抽丝设备、缫丝设备和非织造布设备等。

1 梳棉机

梳棉机属于纺织机械，按照纺纱工艺流程，梳棉是一道重要的工序。梳棉机的前道工序是开清棉联合机，后道工序是并条机，用于加工棉纤维和化学纤维。

梳棉机的工作原理是将前道工序送来的棉（纤维）卷或由棉箱供给的油棉（化纤）层进行开松分梳和除杂，能使所有呈卷曲块状的棉圈成为基本伸直的单纤维状态，并在此过程中，除掉清花工序遗留下来的破籽、杂质和短绒，然后集成一定规格棉条，储存于棉筒内，供并条工序之用。

a 梳棉机

制造业专用生产加工设备 [15] 纺织及制衣机械

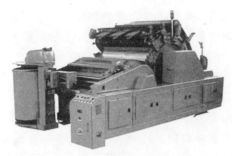
b 梳棉机

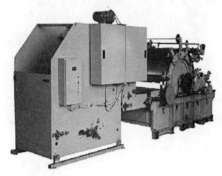
c 梳棉机

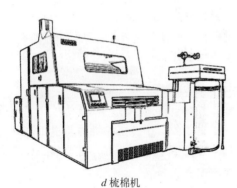
d 梳棉机

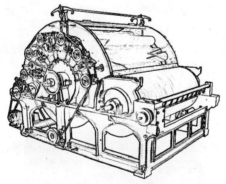
e 单山双道夫梳棉机

a 轧花机

b 老式轧花机

c 皮辊式轧花机

d 轧花机

2 轧花机

轧花机是把棉花中的种子、外壳和杂质分离出去,以得到皮棉和籽棉的纺织机械。

纺织及制衣机械 [15] 制造业专用生产加工设备

3 纺纱机

将动物或植物性纤维运用加捻的方式使其抱合成为一连续性无限延伸的纱线的机器。

a 转杯纺纱机

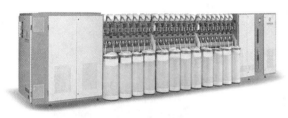

b 转杯纺纱机

c 转杯纺纱机

d FD100-200 型转杯纺纱机

4 织布机

织布机，又叫纺机、织机、棉纺机等，最初的织布机是有梭织布机，无梭织布机技术自19世纪起就着手研究，20世纪50年代起逐步推向国际市场。20世纪70年代以来，许多新型的无梭织机陆续投入市场。无梭织机对改进织物和提高织机的效率成效显著，在世界各国被广泛采用，并加快了织造设备的改造，许多发达国家无梭织机的占有率已达80%左右，出现了以无梭织机更新替代有梭织机的大趋势。主要有剑杆织布机和喷水织布机两种。

a BS718-I 高档剑杆织布机

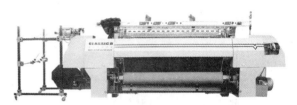

b GA787 型挠性剑杆织布机

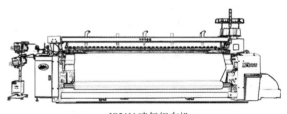

c JS21N 喷气织布机

d 喷水织布机

制造业专用生产加工设备 [15]　纺织及制衣机械

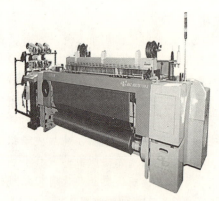

e 剑杆织布机

f SJ758 型纸绳编织剑杆织布机

b 高速无梭织带机

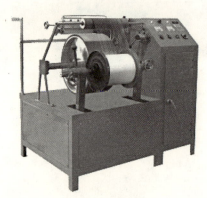

c GJJ168 织带机

5 织带机

织带机指编织各种宽度织带的机器。按具体织法可分为梭织带机与编织带机两大类。梭织带机又分为无梭织带机与有梭织带机两类。

无梭织带机是一种常见的织带机，能生产各种弹性与非弹性织带，一般分为电脑提花织带机与高速无梭织带机两种。

有梭织带机相对于无梭织带机，生产率较低，但同样能生产各种织带。

编织带机也能够编织各种截面为圆形绳带。

高速织带机使用变频无级调速，具有断纱停车灵敏、包心同步送料、包心断纱控制、低能耗高产出等特性。

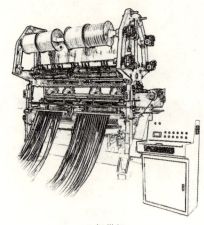

d 织带机

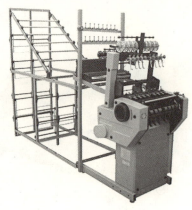

a 830 无梭织带机

6 编织机

编织机是利用丙纶、涤纶、尼龙、PP、低弹、高弹、棉线纱等原材料进行编织的机器。主要用于造船厂家、远洋运输、国防军工、海上石油、港口作业等领域。其产品编织结构合理，工艺科学，具有高强力、低伸长、抗磨耐损，操作简便等优点，特别适宜制作大规模绳索。编织机可以分为普通编织机和高速编织机。

纺织及制衣机械 [15] 制造业专用生产加工设备

a 编织机

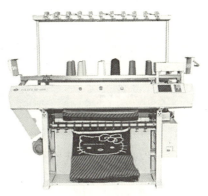

e 双面提花横编织机

b 高速编织机

7 针织机

　　针织机是利用织针把各种原料和品种的纱线构成线圈，再经串套连接成针织物的机器。针织物质地松软，有良好的抗皱性与透气性，并有较大的延伸性与弹性，穿着舒适。针织产品除供服装和装饰用外，还可用于工农业以及医疗卫生和国防等领域。针织机分为手工针织和机器针织两类。手工针织使用棒针，历史悠久，技艺精巧，花形灵活多变，在民间得到广泛流传和发展。机器针织主要运用于工厂的大规模的针织品生产。

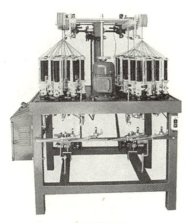

c 高速编织机

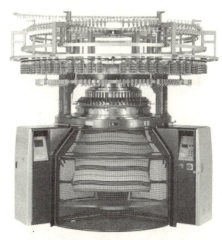

a 四六色双面调线针织机

d 大八梭圆筒编织机

b 针织圆机

181

制造业专用生产加工设备 [15] 纺织及制衣机械

c 单面高速四跑道针织机

d 单面三线衬纬针织机

e 选针大提花单面针织机

纫机的线迹可归纳为锁式线迹和链式线迹两类。

锁式线迹由两根缝线组成，像搓绳那样相互交织起来，其交织点在缝料中间。从线迹的横截面看，两缝线像两把锁相互锁住一样，因而称为锁式线迹。

链式线迹是由缝线的线环自连或互连而成，常用的有单线链式、双线链式和三线包缝线迹。这种线迹的特点是线迹富有弹性，能随缝料一起伸缩而不会崩断缝线，适用于线制弹性织物的服装或包缝容易松散的制品和衣坯等。

一般缝纫机都由机头、机座、传动和附件四部分组成。

机头是缝纫机的主要部分。它由刺料、钩线、挑线、送料四个机构和绕线、压料、落牙等辅助机构组成，各机构的运动合理地配合，循环工作，把缝料缝合起来。

机座分为台板和机箱两种形式。台板式机座的台板起着支承机头的作用，缝纫操作时当作工作台用。台板有多种式样，有一斗或多斗折藏式、柜式、写字台式等。机箱式机座的机箱起着支承和贮藏机头的作用，使缝纫机便于携带和保管。

缝纫机的传动部分由机架、手摇器或电动机等部件构成。机架是机器的支柱，支承着台板和脚踏板。使用时操作者踩动脚踏板，通过曲柄带动皮带轮的旋转，又通过皮带带动机头旋转。手摇器或电动机多数直接装在机头上。

缝纫机的附件包括机针、梭心、开刀、油壶等。

a 家用老式缝纫机

8 缝纫机

缝纫机是用一根或多根缝纫线，在缝料上形成一种或多种线迹，使一层或多层缝料交织或缝合起来的机器。缝纫机能缝制棉、麻、丝、毛、人造纤维等织物和皮革、塑料、纸张等制品，缝出的线迹整齐美观、平整牢固，缝纫速度快、使用简便。缝

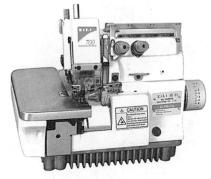

b 超高速缝纫机

c 编织袋缝纫机

d 集装袋缝纫机

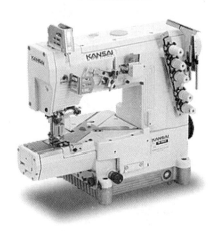

e 工业缝纫机

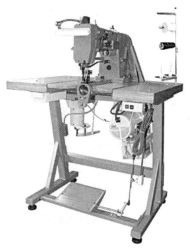

f 双针帮面缝纫机 a

g 双针帮面缝纫机 b

9 锁边机

锁边机也叫边车，一般是缝制衣物的时候锁边用的，在衣服的袖子裤脚缝制的时候，一般都先用锁边机修了边再车。锁边机的功能通俗地说就是让一块布的边缘更加牢固。

a 地毯锁边机

b 棉毯锁边机

c 直立锁边机

制造业专用生产加工设备 [15]　纺织及制衣机械

10 绣花机

绣花机也称刺绣机。电子科技把电脑和绣花结合到一起，由电脑编程并控制的机械使绣花效率得到了突飞猛进的提升，也称为电脑绣花机。

a 高速电脑绣花机

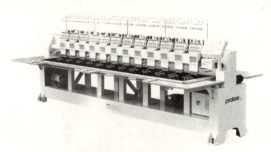

b 电脑绣花机

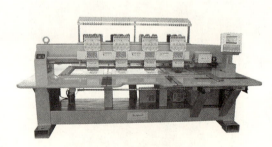

c 多头电脑绣花机

d 缝纫绣花机

11 钉扣机

钉扣机是服装企业最为常用的专用设备。钉扣机是专用的自动缝纫机型，能完成有规则形状纽扣的缝钉等作业，如钉商标、标签、帽盖等。最常用的是圆盘形二孔或四孔纽扣的缝钉。

钉扣机会按照规定的轨迹完成指定的送料过程。钉扣机的线迹分两种：单线链式线迹（107号线迹）和锁式线迹（304号线迹），面大量广的钉扣机采用单线链式线迹。

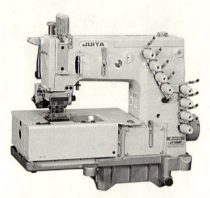

a 平台式多针机

b 高速电子钉扣机

c 健马373钉扣机

纺织及制衣机械　[15] 制造业专用生产加工设备

[12] 熨整设备

熨整设备是对衣服和织物进行脱水、烘干、烫平的机器，主要包括干洗机、脱水机、烘干机、烫平机、全自动洗脱机。该系列产品适用于各类纺织服装厂、宾馆、医院、水洗厂、皮革厂、印染厂、铁路航空洗衣厂等企业。

干洗机就是利用干洗溶剂进行洗涤、溶液过滤、脱液、烘干回收、净化洗涤溶剂，实现再循环工作的洗涤机械。按照洗涤剂的不同，干洗机主要可分为四氯乙烯干洗机和石油干洗机两大类。按照烘干回收和溶剂再生时所采用的加热方式，可分为电加热式和蒸汽加热式；按照洗涤的主要用途，可分为织物干洗机和皮衣织物两用干洗机；按照干洗过程中各工序的连续性程度，可分为半自动干洗机和全自动干洗机。

脱水机一般可用于衣物、纺织物品、农作物等物品的除水过程。脱水之后再利用烘干机加以烘干，则可以达到彻底干燥的效果。

烘干机是洗涤机械中的一种，一般在水洗脱水之后，用来除去服装和其他纺织品中的水分。大多数的烘干机包括一个旋转的滚筒，内筒通过皮带驱动，在滚筒的周围有热空气用来蒸发水分。烘干筒都是采用滚筒正反转的原理，来达到烘干物品的不缠绕效果。

熨平机是洗涤机械的一种，属于洗衣房熨整设备。其主要部件一般是单个、两个辊（现代的熨平机可能含有三个辊），辊通过手摇或通过电力使之转动。辊筒由蒸汽或者电加热，达到一定温度后，当潮湿的衣物经过两个辊之间被轧过之后，可以除去大量的水分，且达到烫平的效果，用于床单、桌布、布料等的轧平过程。该机由不锈钢辊筒、底架、支架、调速变频电机、输送带、输送辊筒、传动部件、电器部件等组成。熨平机按所熨织物的宽度分为1800型、2500型、2800型、3000型。同时又分为单辊烫平机、双辊烫平机和三辊烫平机三种。

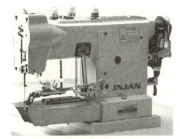

d 钉扣机 a

e 钉扣机 b

f 高速单线钉扣机

g LK4-2 钉扣机

h 高速链缝钉钮机系列

a 干洗机

制造业专用生产加工设备 [15]　纺织及制衣机械·皮革加工设备

b 脱水机

c 脱水机

d 烘干机

e 熨平机

13 提花机

提花机是织造提花织物的机械。提花机作为织机经、纬编提花开口装置，能织制大花形组织和高档图像等提花织物，适用于织制棉、麻、毛、化纤等各种原料，可用于生产个性化的带字体或复杂图案的花边、带类、产业用织带等产品。

双面提花机

14 捻线机

捻线机是将多股细纱捻成一股的纺织机械设备。作用是将纱并合为股纱制品加工成线型制品，供织造和针织用线。由捻线机机体和电路部分组成。捻线机机体外部的纱锭与电路部分的电机输出轴相连，纱锭前端设有连接件等对应于分接开关。

捻线机适用于棉纱、棉、化纤纤维、绣花线、锦纶、涤纶、人造丝、缝纫线、真丝、玻璃纤维等加捻、合股工程。

捻线机的喂入方式有平筒喂入纯捻纱架或锥筒喂入并捻纱架、并筒纱或宝塔纱（木筒管或纸筒管）喂入纯捻纱架等。

HKV151B 型花式捻线机

皮革加工设备

皮革是经脱毛和鞣制等物理、化学加工所得到的已经变性、不易腐烂的动物皮。革是由天然蛋白质纤维在三维空间紧密编织构成的，其表面有一种特殊的粒面层，具有自然的粒纹和光泽，手感舒适。

真皮动物革的加工过程非常复杂，制成成品皮革需要经过几十道工序：生皮、浸水、去肉、脱脂、脱毛、浸碱、膨胀、脱灰、软化、浸酸、鞣制、剖层、削匀、复鞣、中和、染色、加油、填充、干燥、整理、涂饰、成品皮革。其种类也非常多，按材料分一般常见的有羊皮革、牛皮革、马皮革、蛇皮革、猪皮革、鳄鱼皮革等，其中，牛皮、羊皮和猪皮是制革所用原料的三大皮种。

皮革加工设备 [15] 制造业专用生产加工设备

人造革也叫仿皮或胶料，是PVC和PU等人造材料的总称。它是在纺织布基或无纺布基上，由各种不同配方的PVC和PU等发泡或覆膜加工制作而成，可以根据不同强度、耐磨度、耐寒度和色彩、光泽、花纹图案等要求加工制成，具有花色品种繁多、防水性能好、边幅整齐、利用率高和价格相对真皮便宜的特点。

1 压花机

压花机主要用于在各种织物上压花、压泡、压皱、压商标，也可在无纺布、涂层、人造革、纸张、铝板上压商标、仿真皮花纹及各类深浅的花形、花纹。

铝箔压花机组

2 片皮机

片皮机是对皮革制品行业中的硬、软皮料进行片薄、片匀至所要求厚度的设备。可任意调节片削厚度，提高产品质量，增强市场竞争。

a 带刀片皮机

b 带刀片皮机

3 量革机

量革机又称量皮机、电子量革机、电脑量革机，是一种用于测量皮革面积的产品，也属于皮革加工设备的一种。全自动量革机不仅可以测量皮革尺寸，还会自动在皮上烫印尺码，并且液晶双屏显示，利用红外光电高频扫描。

全自动高速电脑量皮机

4 挤水机

挤水机用于轻革加工中的两处挤水操作：铬鞣革削匀前的挤水，便于铬湿革的削匀；以及皮革干燥工序前的挤水，为了加快革的干燥过程。

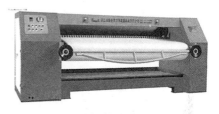

通过式单级挤水机

5 裁断机

裁断机又叫裁床、裁断冲床、下料机、模压机、模切机、裁料机等。传统裁断机借助机器运动的作用力加压于刀模，对材料进行切割加工的机器；近代的裁断机将高压水束、超声波等先进技术用于皮革冲切技术中。

在工业生产中，裁断机用途非常广泛。其功能主要是利用成型刀模，通过冲裁动作而获得人们所需的片材或半成品。

适用于加工各类皮革、布料、纺织物、塑胶、橡胶、纸板、毛毡、石棉、玻璃纤维、软木、其他合成材料等柔性片状物料。

广泛应用于皮革及制鞋、手袋及箱包、手套及帽子、工艺及丝花、绣花、拼图及制卡、吸塑与包装、印刷与纸品、文具、塑胶化工、汽车和电子等其他轻工产业。

根据它们的传动方式、结构和用途分类如下：

制造业专用生产加工设备 [15] 皮革加工设备

按照传动方式分类：(1) 机械传动裁断机：比较老型的机器。(2) 液压传动裁断机：现代比较通用的裁断机。(3) 全自动滚压式裁断机：用三文治的方法进行加工整张皮料或者纺织品等。(4) 电脑控制水束裁断机：是现代比较先进的裁断机，无须使用刀模，根据输入程序进行裁断。冲切源为高压水束发生器。(5) 电脑控制超声波裁断机：控制形式与水束裁断机相似，冲切源为超声波发生器。

按照结构方式分类：(1) 摇臂式裁断机：冲切部件为可以摆动的摇臂，适合于皮革、天然材料及人造革等非金属材料的冲切。(2) 龙门式裁断机：冲切部件为可以沿着横梁左右移动的冲切头，刀模可以固定在冲切头上，也可以放在被加工物上。电脑控制的大型龙门裁断机冲头上安装着可以旋转的刀模架，可以根据程序排版，选择相应的刀具；当然相应需配备自动送料机构。(3) 平板式裁断机：它与龙门式裁断机的区别在于横梁直接进行冲切，没有可以移动的冲切头。平板裁断机又分为横梁固定或横梁可前后移动及工作台滑板可前后移动的两大类。(4) 四柱式精密裁断机：双油缸，四立柱自动平衡连杆结构。

按照加工部件用途分类：(1) 专用裁断机：适合于泡罩加工的吸塑裁断机。(2) 卧式裁断机：适合于加工轮胎材料。

d 四柱油压裁断机

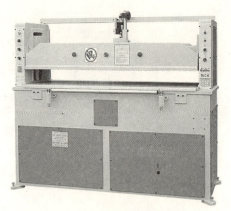

e 精密四柱裁断机

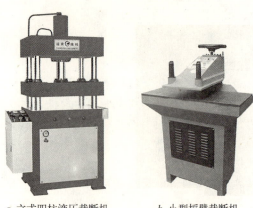

a 立式四柱液压裁断机　　*b* 小型摇臂裁断机

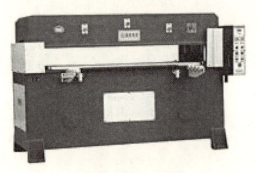

f 精密四柱裁断机

c 平面式裁断机内部结构

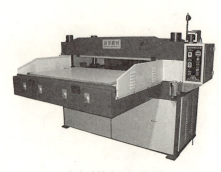

g 半自动精密四柱裁断机

纸加工机械　[15] 制造业专用生产加工设备

h 摇臂式裁断机

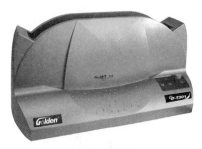

a 热熔式装订机

纸加工机械

1 装订机

装订机是通过机械的方式（手动或电动）在纸张上打孔，然后使用专用装订材料穿过所打出的长方形、或正方形孔、或长圆形、或圆形孔将纸页装订成册的机器，广泛用于金融机构、机关企事业单位的账页、票据、档案、凭证、文件、资料等装订工作。

装订机的产品类型是依据装订机所采用的装订方式来分的，目前市场上一般有热熔式装订机、梳式胶圈装订机、铁圈装订机、订条装订机、财务装订机等。

热熔式装订机具有的优点有：操作简单、速度快、耗材成本低、式样精美等，属于不可拆卸型，适用于中小型的文印中心、中小型的办公文件装订，以及会计事务所，审计事务所等单位。

梳式装订机是所有装订机中，使用成本最低的一种，简单、易拆卸，可多次重复装订使用；比较适用于小型办公室或一般会议文件的装订，以及小型的文印社。

铁圈装订机一般分为2∶1（21孔）和3∶1（34孔）两种。其中以3∶1铁圈装订机装订效果较为精致，适合装订较薄的文本，适用于一般的设计院、规划局或中小型文印中心；而2∶1型则适合装订较厚的文件。

订条装订机又称十孔夹条装订机，操作简单、装订整齐、美观大方，适合各种场合。常见的图文店装订方式之一。

财务装订机采用塑料柳管对财务报表及其他财务表格进行装订，具有保存时间长、不易腐烂、不易损坏等优点。一台财务装订机主要由以下几个方面构成：桌台、安全盖、操作面板、胶管插入口、压纸装置解除钮、钻针座、钻针、压纸板、垫片、纸屑盒及电源等。

b 梳式装订机

c 铁圈装订机

d 订条装订机

制造业专用生产加工设备 [15]　纸加工机械

e 财务装订机

f 胶圈装订机

g GD-3000 梳式文本装订机

h 铁环两用型装订机

i YB-T980 铁圈装订机

j 梳式装订机

k GD-5600 梳式文本装订机

l 4孔电动胶圈装订机

m NB-108 全自动胶管装订机

n NB-50B 自动财务胶管装订机

o 半自动打孔装订机

2 覆膜机

覆膜就是将塑料薄膜涂上黏合剂,将其与以纸张为承印物的印刷品,经橡皮辊筒和加热辊筒加压后合在一起,形成纸塑合一的产品。

经过覆膜的印刷品,表面更加平滑光亮,不但提高了印刷品的光泽度和牢度,还延长了印刷品的使用寿命。同时塑料薄膜还起到防水、防污、耐磨、耐折、耐化学腐蚀等保护作用。覆膜机分为上胶、烘道、热压三部分。

上胶部分。上胶部分装有调节装置以调节上胶量的多少,满足不同印件的要求,上胶辊采用橡胶辊或钢辊。

烘道部分。烘道一般长 2～3m。覆膜机的烘道口设有红外灯管和电风扇。自动覆膜机烘道上部还有大功率的电热管及排风扇,温度可以调节,以使黏合剂干燥及排除废气。

热压部分。这部分是覆膜的关键,直接关系到覆膜产品的粘结牢度。覆膜机通常可分为热覆膜机、冷裱机、小型覆膜机三类。

(1) 热覆膜机 ①既涂型覆膜机,该机器覆膜耗材成本低,目前广泛用于国内大中型传统印刷企业。该类设备操作包括上胶、烘干、热压三部分,操作技术要求比较高,优点是覆膜成品质量好,但缺点是加工时会产生有害气体。目前该技术在欧美等发达国家已经全面禁止。②预涂型覆膜机,这种机器覆膜是一次成型,所用耗材上已经涂好胶水,覆膜时通过加热融化胶水,再通过加压将膜黏合在印刷品上。这种覆膜设备便宜、操作简单,并且操作时不产生有害气体,是覆膜发展的一个趋势。其缺点是该技术目前在国内尚不是很成熟,还有问题有待解决。

(2) 冷裱机 冷裱机是一种只有两根滚轴的机器,它通过加压直接将有黏性的膜粘在印刷品上,该机器便宜,但是耗材成本高,覆膜效果不好,目前广泛适用于小型图文制作行业。

冷裱机

(3) 小型覆膜机 也就是简单实用的专业覆膜机,也可以做塑封机、冷裱机,以及 PVC 热合机,这类覆膜机也是由内热塑封机升级改造而来的。由于采用内热胶辊压膜,上下进膜,增加了预涂膜的受热时间,并且受热均衡,所以覆出来的膜平整、光亮,和高档覆膜机效果一样。但此类覆膜机由于加热功率只有 500W,虽然温度可调但是速度是固定的,每分钟仅可以压膜 0.7～0.8m。适合于名片覆膜、菜谱覆膜、照片覆膜和图文印刷品覆膜。

a 小型覆膜机

预涂型覆膜机

b 预涂型覆膜机

制造业专用生产加工设备 [15] 纸加工机械

c DL-FM380A 覆膜机

g SRFM-C 型水溶性覆膜机

d 真空覆膜机

h 半自动真空覆膜机

e 胶装机

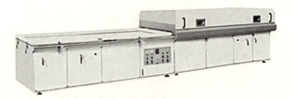

i 半自动真空覆膜机

j 液压覆膜机

f 不锈钢覆膜机

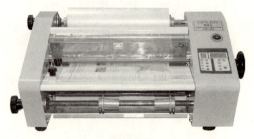

k 小型覆膜机

纸加工机械 [15] 制造业专用生产加工设备

4 烫金机

烫金是指在一定的温度和压力下将电化铝箔烫印到承印物表面的工艺过程，烫金机就是完成烫金工艺的设备，工件烫金后可立即包装、运输。

电化铝烫印的图文呈现出色彩鲜艳夺目的金属光泽，永不褪色。尤其是金银电化铝，光亮程度超过了印金和印银，使产品具有高档的感觉，给人以美的享受。

l RSH-380 覆膜机

m KC-350V 覆膜机

3 上光机

上光机是指在印刷品表面涂（或喷、印）上一层无色透明涂料，干后起保护及增加印刷品光泽作用的设备。

上光机是纸箱、纸盒等包装产品表面整饰加工生产的重要设备，它在改善印品的表面性能、提高印品的耐磨、耐污和耐水性能等方面，发挥着十分重要的作用。

a 自动平曲面烫金机

b 手动烫金机

a BTBW800 型上光机

c SX-981A 型平面圆周两用烫金机

d 平圆两用烫金机

b 普通型数控上光机

e 油压胶输平圆两用烫金机

f SX-981B 型平面圆周两用烫金机

制造业专用生产加工设备 [15] 纸加工机械

5 模切机

模切机又叫啤机或数控冲压机,主要用于相应的一些非金属材料、不干胶、EVA、双面胶、手机胶垫、3M胶、防尘材料、耐热隔热材料、防震产品、胶贴产品、背光源等的模切(全断、半断)、压痕和烫金作业以及贴合和自动排废,是印后包装加工成型的重要设备。模切机的工作原理是利用钢刀、五金模具、钢线(或钢板雕刻成的模版),通过压印版施加一定的压力,将印品或纸板轧切成一定形状。若是将整个印品压切成单个图形产品称作"模切";若是利用钢线在印品上压出痕迹或者留下弯折的槽痕称作"压痕";如果利用阴阳两块模板,通过给模具加热到一定温度,在印品表面烫印出具有立体效果的图案或字体称为"烫金";如果用一种基材覆在另一种基材上称为"贴合";排除正品以外其余的部分称为排废。以上可以统称为"模切技术"。

b 全自动高速商标模切机

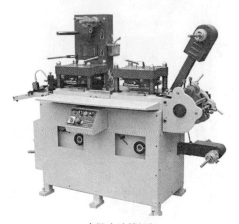

c 电脑高速模切机

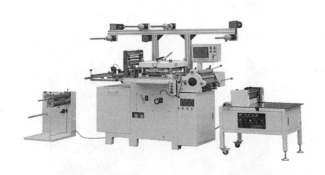

d 高速全自动模切机

a 电脑数控组合模切机

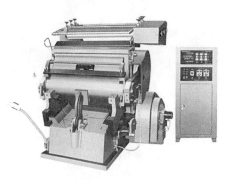

e 电脑烫金模切机

纸加工机械 [15] 制造业专用生产加工设备

6 折页机

折页机也可以叫做折纸机，广泛应用在银行、信访办、调查公司及投递信件较多的公司单位等。

市场上比较畅销的折纸机，一般是有一个折纸盘，可以实现四种折法，功能多一些的折纸机有两个折纸盘，可以实现6种折法。

折页机具有操作简便、自动化程度高的特点，主要用于邮政信函、产品说明书、公文信函、商务信函的大批量折叠。

a 理光 C3500 彩色复合机

a 带立式收纸器折页机

b 彩色复合机

b 折纸机

c e-STUDIO855 复印机

c 商务信函折纸机

7 复合机

复合机是专业用于 BOPP/PET/PE/ 纸等基材的干式复合生产的机械设备。

d 黑白彩码复合机

制造业专用生产加工设备 [15] 纸加工机械

e 网络彩色复合机

e 塑料分切机

8 分切机

分切机是一种将宽幅纸张或薄膜分切成多条窄幅材料的机械设备，常用于造纸机械及印刷包装机械。

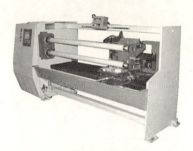

a 全自动分切机

f 全能分切机

b 基板分切机

9 打孔机

桌面型手动打孔机是日常办公中使用最多的手动打孔机，带有定位标尺，具有价格低廉、外观小巧、使用简单方便的特点。桌面型手动打孔机均为两孔设计，常规孔距为 80mm。

打孔机按类别可以分为：珍珠打孔机、激光打孔机、自动打孔机、电动打孔机、手动打孔机；按孔数分类可分为二单孔打孔机、二孔打孔机、三孔打孔机、四孔打孔机。

打孔机配件有：冲刀垫片、冲刀、打孔针、打孔垫、打孔器。

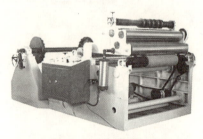

c ZBLF-1400B 型铝带分切机

d 简易分切机

a 双孔重型打孔机

纸加工机械·印刷机械　[15] 制造业专用生产加工设备

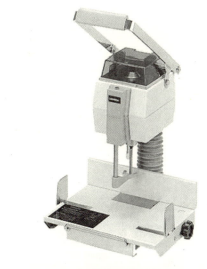

b 单孔重型打孔机

c 双孔打孔机

d 重型打孔机

分类方法	类别	简述
按印版形式分	凸版印刷机	凸版印刷是历史最久的印刷机。它的印版表面的图文部分凸起，空白部分凹下。机器工作时，表面涂有油墨的胶辊滚过印版表面，凸起的图文部分便沾上一层均匀的油墨层，而凹下的空白部分则不沾油墨。压力机构把油墨转移到印刷物表面，从而获得清晰的印迹，复制出所需的印刷品
	平版印刷机	平版印刷机印版表面的图文部分与空白部分几乎处在同一平面上。它利用水、油相斥的原理，使图文部分抗水亲油，空白部分抗油亲水而不沾油墨，在压力作用下使着墨部分的油墨转移到印刷物表面，从而完成印刷过程
	凹版印刷机	凹版印刷机的主要特点是印版上的图文部分凹下，空白部分凸起，与凸版印刷机的版面结构恰好相反。机器在印单色时，先把印版浸在油墨槽中滚动，整个印版表面遂涂满油墨层。然后，将印版表面属于空白部分的油墨层刮掉，凸起部分形成空白，而凹进部分则填满油墨，凹进越深的地方油墨层也越厚。机器通过压力作用把凹进部分的油墨转移到印刷物上，从而获得印刷品
	孔版印刷机	孔版印刷的印版上，印刷部分是由大小不同的孔洞或大小相同但数量不等的网眼组成，孔洞能透过油墨，空白部分则不能透过油墨。印刷时，油墨透过孔洞或网眼印到纸张或其他承印物上，形成印刷成品
按装版和压印结构分		按装版和压印结构分为：平压平式、圆压平式和圆压圆式印刷机

印刷机械

印刷机械是印刷机、装订机、制版机等机械设备和其他辅助机械设备的统称。这些机械设备都有不同的性能和用途，因此，组成它们的机械形式不完全相同。印刷机械制造行业承担着为书刊出版、新闻出版、包装装潢、商业印刷、办公印刷、金融票证等专业部门提供装备的任务，设备以平版印刷、凹版印刷、柔版印刷、凸版印刷、孔版印刷五大印刷方式及特种印刷的印刷机为龙头，带动印前设备及印后加工设备共同发展。

现代印刷机一般由装版、涂墨、压印、输纸等机构组成。工作时先将要印刷的文字和图像制成印版，装在印刷机上，然后由人工或印刷机把墨涂敷于印版上有文字和图像的地方，再直接或间接地转印到纸或其他承印物上，从而复制出与印版相同的印刷品。

印刷机按印版形式分为：凸版、平版、凹版和孔版印刷机；按装版和压印结构分为：平压平式、圆压平式和圆压圆式印刷机。

1 制版机

制版机是利用光电效应直接制作印版或分色底片机械的总称，包括电子刻版机和电子分色机等。主要由光点扫描、电子校正和雕刻或录影（曝光）装置，以及倍率变换、传动机构等组成。

制版机的基本原理是：用光点扫描方法将黑白或彩色、反射或透射原稿各部分明暗不同的光线，通过镜头、滤色片等光学元件，照射到光电管上，按光量大小转换成强弱不同的电讯号。经调制放大，并经制版上必要的色调校正等电子电路运算，最后，如果将经过校正的电讯号（制网目版时另加网目讯号或使用网屏）送至雕刻装置，转换成大小不同的机械能，通过雕刻刀在不断移动的版材上刻成印版，即是"电子刻版机"；如果将校正后的电讯号送至录影灯等装置，转换成强弱不同的光量，或通过激光加网装置，在感光片上曝光录像，制成分色底片，即是"电子分色机"。也有利用激光直接在版材上刻制凸版或凹版以及利用激光感光制作平版。

197

制造业专用生产加工设备 [15] 印刷机械

激光制版机

2 晒版机

晒版机是能够完成接触曝光的真空成像设备。晒版机主要由机架、晒腔、抽气装置和光源装置四部分组成。

晒版机是把菲林和PS版紧密贴合，再用紫外光曝光。影响晒版质量主要有两点：抽真空，菲林和PS版贴合的紧密程度；光源，紫外光波长在一定范围内，尽可能"纯"。

晒版机的特点：使用硬的金属感光版；使用大功率冷色光源在亮室下操作；原版与感光材料密附原大成像。

a 全自动晒版机

b 真空晒版机

3 平压印刷机

平压印刷机是一种简易印刷机，适合于印刷各种8开以下的印刷品。

平压印刷机的工作原理是将油墨刷在固定的平面铅字版上，然后将装夹了白纸的平板印头与其紧密接触而完成一次印刷。平压印刷机需要实现三个动作：装有白纸的印头往复摆动、油辊在固定铅字版上上下滚动、油盘转动使油辊上油墨均匀。

a 全自动不干胶商标印刷机

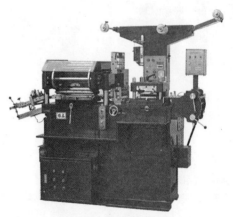

b 平压式多功能印刷机

4 圆压圆印刷机

圆压圆印刷机的印版支承体、转印体都是圆筒状的，完成印刷过程时全作旋转运动。

印刷机械 [15] 制造业专用生产加工设备

5 配页机

配页机是指把书帖或散印书页按照页序配集成册的机器。

配页就是将各个书页按顺序一个压一个放在一起。配页机可与卷筒纸印刷机相连，可以在线加工折叠传过来的书页，也可以处理直接从折页机上传来的书页。在配页机上，每个书帖都有一个专用的上料装置。根据组成书刊书帖数目的不同，配帖机上料装置的数目可以由10个不到增加到32个以上。配页机的喂料系统设计多样，有旋转轮盘式及摆臂式系统等。在装订联动线上配帖后，已好的书帖（即书芯）将被传送到铣背及打毛工序。

瓦楞纸板自动分纸滚切角开槽机

7 分切机

分切机是一种将宽幅纸张或薄膜分切成多条窄幅材料的机械设备，常用于造纸机械及印刷包装机械。

a 搓纸轮配页机

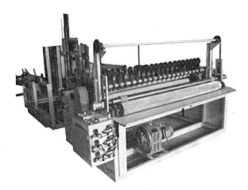

a 卫生纸分切机

b 电脑打码配页机

6 滚切开槽机

滚切开槽机是将开槽、切角、压线、切边五道工序合为一体的综合性纸箱加工设备，其特点是：采用半自动链条工作台送料；传动齿轮全部斜齿轮高精度加工制造而成，使用寿命长，噪音低，运转平稳；调整系统采用电动行星360°，周向调整或手动360°。周向调整，确保不停机调整；导墨系统采用高精度网纹辊气动供墨，另加独立电机匀墨，气动抬版，可停机不停墨，提高网纹辊与匀墨辊使用寿命；传动系统采用无间隙配合确保套色精度，提高齿轮寿命，降低噪音，开槽部位采用四刀同步调整箱高。正点动设置，电脑数字式输入，提高工作效率；整机CAD模块设计，采用电动行走气动锁紧。

b 立式分切机

c 自动胶带分切机

制造业专用生产加工设备 [15]　印刷机械

8 涂布机

在材料表面上定量涂布黏合剂或涂料等液体（或熔体）高分子材料的机械。涂布机的工作流程是将成卷的基材，如：纸张、布匹、皮革、铝箔、塑料薄膜等，涂上一层特定功能的胶、涂料或油墨等，并烘干后收卷。

用于网印制版的自动涂布机的工作原理是相同的，但其性能根据不同的机型及不同的生产厂家而不同。丝网涂布机在垂直的机架上都设有能夹紧网框的装置。丝网区的前后是水平的涂布机构，这个涂布机构由涂布槽，以及控制涂布槽角度和压力的机械部件或气动部件组成。

涂布机构两端装在涂布机的垂直支撑臂上，通过皮带、链条或电缆的传动，使涂布机构上下运动，沿丝网的表面涂布。传动机构连接在伺服或变频电机上，使其操作平稳，并能够精确控制涂布机构的位置。

涂布方式有两种：一是通过多次湿压湿的操作在丝网上涂布感光乳剂；二是在每次涂布之后加上干燥的过程。

d 热熔胶双面同时涂布机

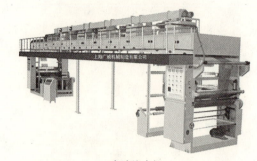

e 高速涂布机

9 复卷机

复卷机是用于各种大型纸张的高精度定长分卷切断的机械。简单来说就是一种造纸专用设备，其用途是将造纸机生产出来的纸卷进行依次复卷，纸张经过复卷后做成成品纸出厂。目前，复卷机用交流传动代替直流传动在造纸机械行业中已成为发展趋势。复卷过程主要完成三个任务：一是切除原纸毛边；二是将整幅原纸分切成若干符合用户规格的幅宽；三是控制成品纸卷的卷径，使之符合出厂规格。

复卷机的分类一般可以分为全自动卫生纸复卷机和半自动卫生纸复卷机。

a 双面涂布机

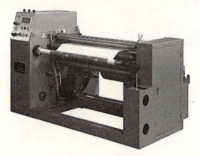

a M 型礼品包装纸复卷机

b 双面涂布机

c RT 系列标准型热熔胶涂布机

b 贴合分条复卷机

印刷机械　[15] 制造业专用生产加工设备

c 压花打孔卫生纸复卷机

10 丝印机

丝印机是使用丝网版完成印刷过程的机器。经传动机构传递动力，让刮墨板在运动中挤压油墨和丝网印版，使丝网印版与承印物形成一条压印线，由于丝网具有张力，对刮墨板产生力，回弹力使丝网印版除压印线外都不与承印物相接触，油墨在刮墨板的挤压力作用下，通过网孔，从运动着的压印线漏印到承印物上。

丝印机的特点：有多色印刷电眼装置，微调操作，对点对色准确，可提高印刷品质；适合印大面积底色、细字、网点，均清晰亮丽不褪色；油墨附着力好，墨层厚，不褪色，不掉色，耐候性好，色泽鲜艳。

丝印机的分类：垂直丝印机，针对高精密的印刷，如高科技电子行业、套印多色、网点印刷等。与斜臂丝印机相比较效率低，但精准度高；斜臂丝印机，针对包装行业，或局部UV等印刷，效率高，但精准度低；转盘丝印机，针对服装行业、光盘行业或不好定位的行业可采取转盘式；四柱丝印机，针对面积大的行业，如装潢大型玻璃等行业；全自动丝印机，是卷对卷的针对PET、PP、PC、PE等软质材料的印刷，是由进料、印刷及干燥等工艺集于一体的印刷机器，是大批量量产的最佳选择。

b 平面吸气丝印机

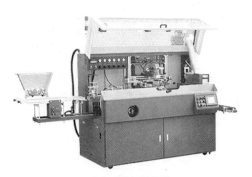

c 全自动笔杆丝印机

d 平升式丝印机

a 丝网印刷机

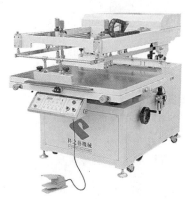

e 电子丝印机

201

制造业专用生产加工设备 [15] 印刷机械

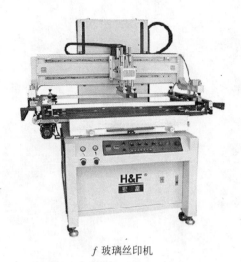

f 玻璃丝印机

a 层叠式柔性版印刷机

11 彩印机

数码彩印机也被人们称为可变资料印刷（VDP），这也就是说每一个图像都是通过不同的压印过程而产生的。数码彩印机使用到色粉和喷墨技术，而且几乎不需要进行印刷准备，因此，数码彩印机可以生产印数非常少的活件，以更高的成本效率来对一定数量的印刷页面和个性化印刷品进行配页。

a ASY600-1200b 型凹版组合彩印机

b DOR-320D 型柔性版印刷机

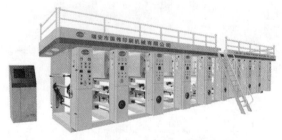

b GWASY600-1200A 型电脑高速凹版彩印机

c 单色柔性版印刷机凹版印刷机

12 柔性版印刷机

柔性版印刷机使用柔性版，通过网纹传墨辊传递油墨完成印刷过程的机器。柔性版印刷机分层架式、卫星式及机组式，多为卷筒式，但机组式也有单张式。

13 凹版印刷机

凹版印刷机是使用凹版完成印刷过程的机器，如方便面之玻璃袋印刷、饼干之铝箔袋包装等。凹版印刷机印刷时，印版辊筒全版面着墨，以刮墨刀将版面上空白部分的油墨刮清，留下图文部分的油墨，然后过纸，由压印辊筒在纸的背面压印，使凹下部分的油墨直接转移到纸面上，最后经收纸部分将印刷品堆集或复卷好。

凹版印刷机是采用圆压圆直接印刷方式印刷，印版直接制在印版辊筒上，采用浸墨或喷墨方式给墨，没有匀墨机构。由于墨层厚，使用挥发性强的快干油墨，须有烘干装置。

凹版印刷机的分类：①机型按使用纸张的不同分为单张纸和卷筒纸凹印机；②按机组运行一次印刷的色数分为单色、四色、五色、六色等凹印机，其中又有单面印刷和双面印刷之分。

a AZJ200 机组式凹版印刷机

b LYA-H 电脑凹版印刷机

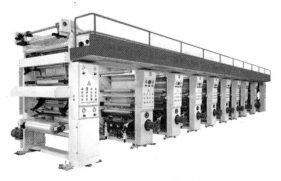

c HSWY-81200 型凹版印刷机

d CYA 系列电脑自动套色凹版印刷机

14 孔版印刷机

孔版印刷施用的承印物范围极其广泛，除纸张外，还有塑料薄膜、金属、玻璃、各种棉织、丝织物以及建筑材料等。

孔版印刷的印版上，印刷部分是由大小不同的孔洞或大小相同但数量不等的网眼组成，孔洞能透过油墨，空白部分则不能透过油墨。印刷时，油墨透过孔洞或网眼印到纸张或其他承印物上，形成印刷成品。孔版印刷的成品墨量都较厚实，比凹版印刷的墨量更大，所用的印版主要有：誊写版、镂孔版、丝网版等。

孔版印刷机

15 数字印刷机

能够接受以数字形式存储的版面信息，并实现印刷的设备称之为数字印刷机。数字印刷机又分为无版数字印刷机和有版数字印刷机两种。

（1）无版数字印刷机

无版数字印刷的共同特征是实现可变信息印刷。目前的无版印刷机从大的方面可分为电子照相方式、电凝方式和喷墨方式三种。

（2）有版数字印刷机

有版数字印刷机，在印版辊筒上必须装有预先制好的印版，只不过是此种印版是在印刷机上直接制作的。与传统的印刷机相比，虽然这种印刷机也需要印版，但由于它是在机方式的直接制版，只需一台印刷机就可以完成由数据到印刷品的制作过程，既节省了设备、时间、材料，又降低了生产成本。

a 数码印刷机

制造业专用生产加工设备 [15] 印刷机械

b 数码印刷机

c YK1800E 超八开胶印机

16 胶印机

胶印机是圆压圆形印刷机的一种。它是按照间接印刷原理，印版通过胶皮布转印辊筒将图文转印在承印物上进行印刷的印刷机。按印刷条件和基本印刷方法不同，可分为单张纸自动平面胶印机和卷筒纸高速轮转胶印机；按印刷色数不同，可分为单色机、双色机、四色机、六色机和八色机等；按印刷纸张不同，可分为四开机、对开机、全张机和双全张机等。和其他轮转印刷机的区别在于印版类型不同，增加了橡皮辊筒和湿润装置。胶印产品一般都是复制艺术品。

d HG452-Ⅱ四色胶印机

a HG552B 五色胶印机

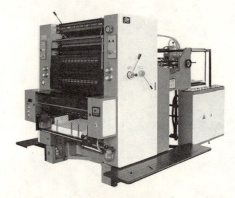

e 740E 单色平版胶印机

b 单色四开胶印机

f 大四开胶印机

印刷机械　[15] 制造业专用生产加工设备

g　YK1800E 八开单色胶印机

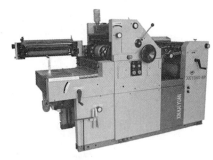

h　六开打码胶印机

17 移印机

移印机是印刷设备的一种，适用于塑胶、玩具、玻璃、金属、陶瓷、电子、IC 封装等。

移印是一种间接的可凹胶头印刷技术，目前已成为各种物体表面印刷和装饰的主要方法。工艺过程很简单：先将设计的图案蚀刻在印刷平板上，把蚀刻板涂上油墨，然后，通过硅胶头将其中的大部分油墨转印到被印刷物体上。

TP-150 气动单色移印机

18 平板印刷机

平板印刷机，也称万能打印机，是一种喷墨的数码印刷机，因为其可彩印材质不限，且 17～20cm 的可打印物体厚度，更为材质上的限制有所突破。

其特点是：

（1）操作简单方便：无需制版及重复套色流程，操作简单易维护。

（2）打印速度快：投入成本低，高速印刷完全适用工业批量生产。

（3）克服材料的界限：可打印规定厚度内的任意介质，完全克服了只能使用专用纸张和专用规格的传统打印方式，可以使用非常薄或非常厚的物件，其厚度为 1mm～200mm。

（4）满足各种形状：平面、弧形及圆形，没有限制。

（5）高度调节及批量设定：可根据印刷物件调整高度，采用了水平移动式垂直喷射结构，可方便自由地使用各种原材料。轻松放置后都能自动升降到合适的打印高度。并可以随意设定批量化生产自动进料时间，省却了重复操作电脑的步骤。

（6）不受物体材质的影响：可以用丰富的色彩在原材料（金属、塑料、石材、皮革、木材、玻璃、水晶、亚克力、铜版纸）成品和半成品（小部件整理箱、钱包、皮包、商标、牌匾等）等软、硬质物体表面上进行图像的真彩图文印刷。由于喷印时喷头与介质面是非接触性，不会因热量和压力发生变形等现象，因此也可以在容易变形柔软的原材料（如皮革及纺织品）上印刷。

（7）高精度完美打印：使用专用墨水，使输出的图像效果逼真，达到照片品质。图像防水、防晒、耐磨损、永不褪色。

（8）印刷幅面：满足单张超 A3（480mm×330mm）、A2（420mm×640mm）等各个幅面的个性化打印。

（9）粗糙面及斜面打印：可克服最多 5mm 的原材料厚度偏差，根据被印刷物体表面的特性，凹凸落差最大可扩张至 5mm，并能呈现完美的印刷效果。

（10）采用连续供墨系统：添加墨水方便，同时使印刷成本降至最低。

（11）采用专用防水墨水：清晰完美的印刷质量，层次分明，色块全部可见，无偏色、混色现象，防水、耐磨，品质非热转印、丝印等传统工艺可比。

（12）低廉的印制成本：比起现有的热转印工艺，可节约 80% 以上的成本。

（13）个性化打印：适宜 T 恤、枕头（套）、购物包、

制造业专用生产加工设备 [15] 印刷机械

a 多色木纹平面印刷机

b 平面彩色印刷机

c 不干胶专用自动园平印刷机

d 1-4色多功能洗涤标印刷机

e 垂直升降平面丝网印刷机

f YKP-70100 四臂式平面丝印机

19 商标机

商标机，又名不干胶商标机。因其多用于不干胶商标、标签的印刷和制作而得名。

一次性多工序成型是商标机最大的优点。根据设备的型号与特点不同，商标机能同时完成印刷、模切、覆膜、压线、击凸、烫金、过油、电脑孔、撕废、贴合、裁张、卷纸等工序，因此产能得到极大的提升。

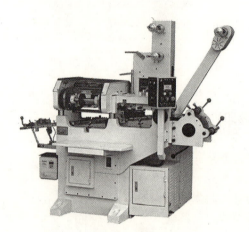

电脑型商标机

20 切纸机

切纸机是用来处理印刷后期的纸张裁切需求的机械。随着技术的进步，切纸机从机械式切纸机发展到磁带控制式切纸机，又发展到微机程控、彩色显示、全图像操作引导可视化处理及计算机辅助裁切外部编程和编辑生产数据的裁切系统，生产准备时间更短，裁切精度更高，劳动强度更低，而操作更安全。

a 程控切纸机

印刷机械　[15] 制造业专用生产加工设备

b 程控切纸机

c 手动切纸机

d QZYK920D 程控切纸机

e QZK1300 程控切纸机

f SLQ670HP 液压程控切纸机

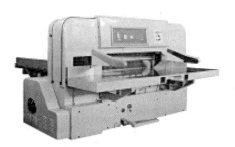

g QZW1370 型切纸机

h QZYT1370S3 大屏幕触摸屏微机程控切纸机

i 波拉 115XC 高速裁切机

j SQZK-SQZKN 微机程控切纸机

制造业专用生产加工设备 [15]　印刷机械·食品机械

k X92C-G- 液晶数显切纸机系列

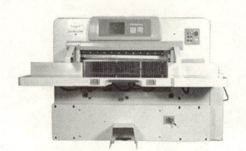

l QZK1150 型切纸机

m QS80 手推式三面切书机

n QZX430C 双数全液压显切机

o QZKN670R5 微机程控切纸机

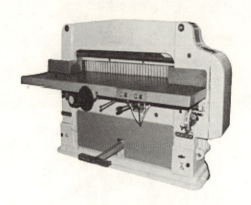

p QZHI-1B 全张高速切纸机

q SQZ-TK130CT 液压双导变频程控切纸机

食品机械

　　食品机械指的是把食品原料加工成食品（或半成品）过程中所应用的机械设备和装置。

　　食品加工机械与设备是食品工业的基础，它的发展为食品工业的发展提供了有力的保证，相应也随着时代的要求不断更新。我国的经济自改革开放后快速发展，人民生活水平不断提高，食品工业得到飞跃发展，目前我国食品工业已成为国民经济的支柱产业和第一基础工业，食品加工机械的发展也尤为迅速。对比过去，食品加工机械品种链大大完善，质量有明显提升，且更多地利用高新技术和机械装置，由过去的全手动升级至半自动甚至全自动加工设备，为食品行业从业人员和企业大大提升了工作

食品机械 [15] 制造业专用生产加工设备

效率，且全方位地考虑到食品原料的处理、食品加工成型、烹制、包装、消毒卫生等全线流程，实现了卫生、安全、有效率的食品一条龙批量化生产。

1 食品搅拌机

食品搅拌机的工作原理是靠搅拌杯底部的刀片高速旋转，在水流的作用下把食物反复打碎。

食品搅拌机主要由机架、电动机、涡轮箱、传动轮、链轮、链条、轴承、齿轮、搅拌桶、搅拌器等组合而成。整机结构紧凑，使用方便，性能安全可靠。工作原理是通过搅拌器低速顺、逆运转，使丁型叶片或双型叶片对原料进行揉压或搅拌从而达到拌和均匀，保持人工风味，并极大提高生产效率。

a 双螺杆挤压膨化机

b 黄米膨化机

a F型 食品级搅拌机

b 鲜奶搅拌机

c 鲜蛋搅拌机

2 食品膨化机

多功能面粉膨化机又称为麻辣条机、辣条辣片机、脆角机、香酥果机，可以制作香酥果、脆角、贝壳酥和比萨卷等小吃。大型麻辣条机是以面粉为原料，通过更换模具可加工出不同形状的麻辣条，在加工好的辣条上添加辣椒油、食用盐、味精、香料等佐料，可使产品色香味齐全，老少皆宜。

双螺杆挤压膨化机由供料系统、挤压系统、旋切系统、加热系统、传动系统、控制系统组成。

3 食品烘烤机

食品烘烤机的主要原理是利用加热使产品所含水分蒸发掉，达到干燥的目的。现在使用的干燥方式有通过热传导、对流和热辐射的方法向产品提供加快水分蒸发的热能。还有另外一种微波干燥技术，是在瞬间把电磁场能量转化成物质分子的动能，也就是说由物料自身吸收微波能量而产生热量，使水分得到蒸发。由于微波加热具有一定的穿透性，因此微波加热实际上是一种立体加热，即产品内外同时得到加热，因此微波干燥技术具有节能、快速、干燥温度低、即时加热、没有热惯性等特点。

a 小型食品烘烤机

制造业专用生产加工设备 [15] 食品机械

b 多用食品烘烤机

c 油水混合油炸机

4 油炸机

油炸机包括油炸锅和加热机构。加热机构是导热液加热机构，油炸锅外侧设有加热夹层，该加热夹层由油炸锅壳体和加热夹层壳体组成。加热夹层设有进液口和出液口，进液口连接导热液加热机构的导热液出口，出液口连接导热液加热机构的导热液入口。加热夹层的进液口设在加热夹层的顶端，加热夹层的出液口设在加热夹层的底端。导热液加热机构包括抽液泵和导热液加热炉，加热夹层的进液口连接导热液加热炉的导热液出口，加热夹层的出液口通过抽液泵连接导热液加热炉的导热液入口。由于设有加热夹层和导热液加热机构，加热夹层内的导热液不停地循环流动，因此油炸锅内的油加热均匀，不易发生局部过热的情况，也不会产生有害物质和油烟。

d 电加热油炸机

5 切片机

切片机是将冷冻肉类或根茎果肉植物等食品切成片状的机器。

a 小食品油炸机

a 大型鲜肉切片机

b 连续油炸机

b 羊肉切片机

食品机械 [15] 制造业专用生产加工设备

c 土豆切片机

6 清洗机

清洗机大多利用该设备体场中的剪切力和气泡的气蚀作用对产品进行清洗，可用特制的农药洗脱剂浸泡及循环物理冲击，有效去除农药残留，达到农产品洗涤高效、卫生、安全、批量及低成本的效果。

其主要结构部件及工作原理包括如下几个方面：

清洗水槽：采用 SUS304B 不锈钢制作，底部为高压气泡管路，中间冲孔板，物料在强烈气浴水流内进行强有力的清洗，同时在循环水泵作用下将物料向前推动。

水过滤循环装置：在水流循环作用下，大部分水通过过滤网袋流入循环水箱内，小部分从溢水口中溢出通过过滤网袋流入溢水水箱内，并在小水泵作用下流入清洗水槽后侧作循环用水；水泵均采用不锈钢水泵，符合卫生食品要求。

去虫去杂装置：采取独特的结构，对物料中碎片、虫子等杂物进行过滤去除，物料从该机构下方通过，杂物通过网袋从溢水口中流出，去杂效果明显，解决了物料中碎片、虫子难以去除的问题。

气泡发生机构：采用漩涡式充气增氧机，压力高，风量大，气流缓冲设计，噪声更低；无油润滑设计，气体更纯净。设计时考虑物料的差异，气泡强度可调，产生不同强度的气流及水流。

去毛发装置：共有四根毛发清洗刷辊，在滚动同时物料从下方通过，由于在气流的作用下，毛发等轻质杂物漂浮在水流上方，粘缠在刷辊上。刷辊设计方便装卸及清洗。

物料输送装置：采用比去虫去杂装置紧密的网袋来输送出料，出料口采用气泡支管对网袋向下喷气，卸料方便、干净。

清洗水喷淋装置：物料在向上输送同时，可采用循环水或新净水进行二次喷淋清洗，达到更清净的目的。

在实际生产过程中可多台设备连接使用，可与电解机能水生产装置、臭氧发生装置配套使用达到多种清洗目的。设备材料均符合食品出口卫生要求。

a 高压清洗机

b 单槽系列超声波清洗机

7 食品包装机

食品包装机械是指能完成全部或部分产品和商品包装过程的机械。包装过程包括充填、裹包、封口等主要工序，以及与其相关的前后工序，如清洗、堆码和拆卸等。此外，包装还包括计量或在包装件上盖印等工序。使用机械包装产品可提高生产率，减轻劳动强度，适应大规模生产的需要，并满足清洁卫生的要求。

主要性能和结构特点：全自动完成送料、计量、充填制袋、打印日期、产品输出全部生产过程；计量精度高、效率高、不碎料；省人工、损耗低、易操作和维护。

制造业专用生产加工设备 [15]　食品机械

a 组合称量自动包装机

b 大型立式自动包装机

c 粉剂自动包装机

d 真空包装机

8 榨汁机

榨汁机是一种可以将果蔬快速榨成果蔬汁的机器，小型可家用。其配置主要包括：主机、一字刀、十字刀、高杯、低杯、组合豆浆杯、盖子、口水杯、彩色环套等，可用于榨汁、搅拌、切割、研磨、碎肉、碎冰等。

a 迷你电动榨汁机

b 手动动榨汁机

c 全自动榨汁机

食品机械　[15] 制造业专用生产加工设备

10 压面机

压面机是一种把面粉跟水搅拌均匀之后代替传统手工揉面的食品机械。

d 甘蔗榨汁机

a 高速压面机

b 立式压面机

e 果菜榨汁机

9 榨油机

榨油机就是指借助于机械外力的作用，将油脂从油料中挤压出来的机械设备。

a 卧式液压榨油机

c 多功能水饺机

b 多功能螺旋榨油机

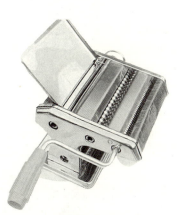

d 手摇两刀压面机

制造业专用生产加工设备 [15]　食品机械·包装相关设备

11 液压灌肠机

液压灌肠机是生产西式肠类的主要设备。它具有容量大、体积小、结构紧凑、清洗方便等优点，能将精细的、粗颗粒的或糜状物料通过不同直径的填充嘴灌到肠衣内。该设备接触肉馅部分及外表均为不锈钢或尼龙制成，适用于各种肉类加工厂。

a 自吸液压灌肠机

b 液压灌肠机

12 饼干成型机

滚切式饼干成型机是生产饼干的主要设备，该机可生产甜饼、咸饼、苏打饼、通花饼及超薄饼等各种不同品种、不同形状图案的韧性饼干。基本工作原理是通过一道、二道或三道轧辊分三次将面坯压成厚度约 0.1～5mm 的薄面皮，再用印模在面皮上印出花式图案，切出饼干的形状，并将饼干送入烘烤炉。余料通过回料输送带送回夹层机重新轧压。

为适应生产工艺要求，成型机上还可选配安装刷蛋机、糖盐果仁撒布机、喷蛋机等辅助机械，增加饼干品种，提高饼干的品位档次。

a 自动饼干成型机

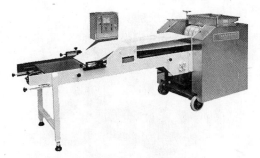

b 桃酥饼干成型机

c 饼干生产线

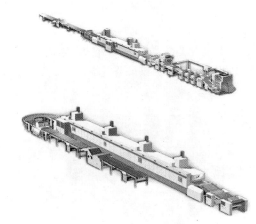

d 自动饼干成型生产线示意图

包装相关设备

包装设备是指能完成全部或部分产品和商品包装过程的设备。包装过程包括充填、裹包、封口等主要工序，以及与其相关的前后工序，如清洗、堆码和拆卸等。此外，包装还包括计量或在包装件上盖印等工序。使用机械包装产品可提高生产率，减轻劳动强度，适应大规模生产的需要，并满足清洁卫生的要求。

1 打码机

打码机是一种由单片机控制的非接触式喷墨标识系统。它通过控制内部齿轮泵或由机器外部供应压缩气体，向系统内墨水施加一定压力，使墨水经由一个几十微米孔径喷嘴射出，并由加在喷嘴上方的晶体振荡信号将射出连续墨线分裂成频率相同、大小相等、间距一定的墨滴。然后，墨滴在经过充电电极时被分别充电，其所带电量大小由中央处理器CPU进行控制，再经过检测电极检测墨滴实际所带电量与相位是否正确。最后，带电墨滴在偏转电极形成的偏转电场中发生偏转，从喷头处射出，分别打在产品表面不同位置，形成所需各种文字、图案等标识。而没有被充电的墨滴则打入回收槽，重新进入机器内部的墨水循环系统。

打码机适用于各种塑料袋、塑料膜、铝箔、商标、纸盒、皮革、证件、塑料制品等打印年月日、有效期限、批号、重量、数量、价格、尺寸、成分、销售代码区域编号等。

白墨喷码机

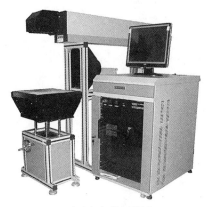

a 玻璃瓶包装打码机

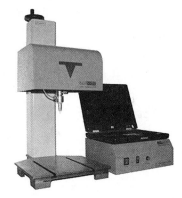

b 便携式打码机

2 喷码机

喷码机是运用带电的墨水微粒，根据高压电场偏转的原理在各种物体表面上喷印图案文字和数码，是集机电于一体的高科技产品。产品广泛应用于食品工业、化妆品工业、医药工业、汽车等零件加工行业、电线电缆行业、铝塑管行业、烟酒行业以及其他领域。该机可用于喷印生产日期、批号、条形码以及商标图案、防伪标记和中文字样。

3 充填机（胶囊充填机）

充填机是一种将产品按预定量充填到包装容器内的机器。

a 半自动胶囊充填机

b 半自动填充机

4 灌装机械

液体灌装机按灌装原理可分为常压灌装机、压力灌装机和真空灌装机。

常压灌装机是在大气压力下靠液体自重进行灌装。这类灌装机又分为定时灌装和定容灌装两种，只适用于灌装低黏度、不含气体的液体，如牛奶、

制造业专用生产加工设备 [15]　包装相关设备

葡萄酒等。

压力灌装机是在高于大气压力下进行灌装，也可分为两种：一种是贮液缸内的压力与瓶中的压力相等，靠液体自重流入瓶中而灌装，称为等压灌装；另一种是贮液缸内的压力高于瓶中的压力，液体靠压差流入瓶内，高速生产线多采用这种方法。压力灌装机适用于含气体的液体灌装，如啤酒、汽水、香槟酒等。

真空灌装机是在瓶中的压力低于大气压力下进行灌装。

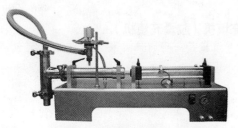

a 单头液体灌装机

b 液体灌装机

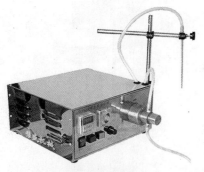

c 磁力泵液体灌装机

5 封口机械

封口机是将充填有包装物的容器进行封口的机械。在产品装入包装容器后，为了使产品得以密封保存，保持产品质量，避免产品流失，需要对包装容器进行封口。这种操作是在封口机上完成的。封口机是在包装容器盛装产品后，对容器进行封口的机械。

制作包装容器的材料很多，如纸类、塑料、玻璃、陶瓷、金属、复合材料等，而包装容器的形态及物理性能也各不相同，因此，所采用的封口形式及封口装置也不一样。一般按包装材料的力学性能可分以下两类：

(1) 柔性容器封口装置

柔性容器是用柔性材料，如纸张、塑料薄膜、复合薄膜等制作的袋类容器。这类容器的封口多与制袋、充填构成联合机，很少独立使用，由于材料不同，其封口装置也不一样。

① 纸袋封口装置。对于纸类材料，一般采用在封口处涂刷黏合剂，再施以机械压力封口。

② 塑料薄膜袋及复合薄膜袋封口装置。很多塑料具有良好的热封性，用这类塑料制作的塑料袋或复合袋，一般采用在封口处直接加热并施以机械压力，使其熔合封口。

(2) 刚性容器封口机

刚性容器是指容器成型后其形状不易改变的容器，其封口多用不同形式的盖子，常用的封口机有以下几种。

① 旋盖封口机。这种封盖事先加工出内螺纹，螺纹有单头或多头之分，如药瓶多用单头螺纹，罐头瓶多用多头螺纹。该机是靠旋转封盖，而将其压紧于容器口部。

② 滚纹封口机。这种封盖多用铝制，事先未有螺纹，是用滚轮滚压铝盖，使之出现与瓶口螺纹形状完全相同的螺纹，而将容器密封。这种盖子在启封时将沿裙部周边的压痕断开，而无法复原，故又称"防盗盖"。该机多用于高档酒类、饮料的封口包装。

③ 滚边封口机。它是先将筒形金属盖套在瓶口，用滚轮滚压其底边，使其内翻变形，紧扣住瓶口凸缘而将其封口。该机多用于广口罐头瓶等的封口包装。

④ 压盖封口机。它是专门用于啤酒、汽水等饮料的皇冠盖封口机。将皇冠盖置于瓶口，该机的压盖模下压，皇冠盖的波纹周边被挤压内缩，卡在瓶口颈部的凸缘上，造成瓶盖与瓶口间的机械勾连，从而将瓶子封口。

⑤ 压塞封口机。这种封口材料是用橡胶、塑料、软木等具有一定弹性的材料做成的瓶塞，利用其本身的弹性变形来密封瓶口。该机封口时，将瓶塞置于瓶口上方，通过对瓶塞的垂直方向的压力将其压入瓶口，实现封口包装。压塞封口既可用作单独封口，也可与瓶盖一起用作组合封口。

包装相关设备 [15] 制造业专用生产加工设备

⑥卷边封口机。该机主要用作金属食品罐的封口。它用滚轮将罐盖与罐身凸缘的周边，通过互相卷曲、钩合、压紧来实现密封包装。

a 手压封口机

f 旋盖封口机

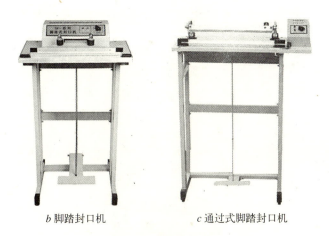

b 脚踏封口机　　c 通过式脚踏封口机

g 柔性封口机械

6 裹包机械

裹包机是包装机械中缠绕机械的通俗称谓。裹包机是用柔性的包装材料，全部或部分地将包装物裹包起来的包装机。

按照包装物被包裹程度可以分为：全裹式缠绕机：包括扭结式、覆盖式、贴体式、接缝式等裹机；半裹式缠绕机：包括折叠式、收缩式、拉伸式、缠绕式等裹机。

缠绕机按照结构可以分为：托盘缠绕机、无托盘缠绕机、水平缠绕机、悬臂缠绕机、环行缠绕机、滚筒缠绕机、钢带缠绕机。

缠绕机按照机械自动分类：全自动缠绕机、半自动缠绕机、手动缠绕机。

缠绕机按膜架结构形式可分为预拉伸、阻拉伸和机械预拉伸。

目前市场主流产品为托盘缠绕包装机、无托盘缠绕机、预拉伸缠绕机。

（1）根据缠绕包装设备对缠绕膜拉伸方式的不同，可将其分为"预拉伸"型和"阻拉伸"两大类：

①预拉伸型缠绕机：是指通过预拉伸膜架机构，将缠绕膜按照预先设定好的"拉伸比"拉伸后裹绕到托盘货物之上。其优点是展膜均匀，包装美观，

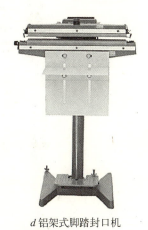

d 铝架式脚踏封口机

e 刚性容器封口机

制造业专用生产加工设备 [15] 包装相关设备

适应性强（超轻、超高货物均可使用），并且同等条件下比"阻拉伸"型节省耗材30%～50%。

② 阻拉伸型缠绕机：是指通过调节阻拉伸机构的摩擦阻尼，使缠绕膜被动拉出时的速度慢于托盘货物转动的速度，进而在缠绕膜被拉开的同时裹绕到货物之上。因为可以将阻尼调节为"零"，所以任何品质的缠绕膜或普通塑料膜均可以使用，但对于较轻、较高的货物，无法实现稳定包装，并且薄膜耗用量较高。

(2) 根据缠绕包装设备应用领域及对货物包装方式的不同，又可将其分为七大系列及各种延伸规格：

① T系列-托盘（栈板）式缠绕包装机：指通过转台旋转带动托盘货物转动，进而实现对货物缠绕裹包的设备。适用于使用托盘装运的货物包装（如用于大宗货物的集装箱运输及散件托盘的包装等），广泛应用于玻璃制品、五金工具、电子电器、造纸、陶瓷、化工、食品、饮料、建材等行业。能够提高物流效率、减少装运过程中的损耗。具有防尘、防潮、降低包装成本等优点。

② R系列-悬臂式缠绕包装机：指通过可以转动的悬臂围绕货物转动，进而实现对货物缠绕裹包的设备。所有T系列可以包装的货物均可使用R系列设备裹包，另外，其绕货旋转的包装方式，更适合于较轻较高且码垛后不稳定的产品或超重货物的裹包。机器安装方式灵活，可安置在墙壁上，也可利用支架固定，并且可以根据需要与输送线相连，适应流水线作业的需求。

③ H系列-环体缠绕包装机：指通过环绕圆形轨道运行的送膜（送带）装置，对圆环货物的环体部分进行缠绕裹包的设备。应用于轮胎、轴承、带钢、带铜、线缆等行业。能够提高包装效率，具有防尘、防潮、降低包装成本等优点。

④ Y系列-圆筒式轴向缠绕包装机：指通过转台旋转带动圆筒状货物整体转动的同时，由转台上的两根动力托辊带动圆筒状货物自转，进而实现对货物全封闭缠绕裹包的设备。适用于各种圆筒状货物的密封包装，应用于造纸、帘子布、无纺布等行业。能够提高物流效率、减少装运过程中的损耗，具有良好的灰尘、潮气隔绝作用。

⑤ W系列-圆筒式径向缠绕包装机：指通过转台上的两根动力托辊带动卷筒状货物自转，进而实现对径向圆筒面缠绕裹包的包装设备。适用于卷筒状物体的圆面进行螺旋裹包，应用于造纸、帘子布、无纺布等行业。能够提高物流效率、减少装运过程中的损耗、具有防尘、防潮、降低包装成本等优点。

⑥ S系列-水平式缠绕包装机：指通过回转臂系统围绕水平匀速前进的货物做旋转运动，同时通过拉伸机构调节包装材料的张力，把物体包装成紧固的整体，并在物体表面形成螺旋式规则包装的设备。应用于塑料型材、铝材、板材、管材、染织品等行业。能够提高包装效率、减少装运过程中的损耗，具有防尘、防潮、降低包装成本等优点。

⑦ NT系列-无托盘缠绕包装机：是指通过转台旋转带动货物转动，进而实现对货物缠绕裹包的设备。适用于单件或多件小规格货物的包装。应用于服装、电器、化纤等行业。能够提高包装效率、减少装运过程中的损耗，具有防尘、防潮、降纸包装成本等优点。

a 托盘（栈板）式缠绕包装机

b 悬臂式缠绕包装机

c 环体缠绕包装机

包装相关设备 [15] 制造业专用生产加工设备

d 圆筒式轴向缠绕包装机

e Y2000F-L 圆筒式缠绕包装机

f 水平式缠绕包装机

g 无托盘缠绕包装机

合装置，转塔下面装有传动部件，传动部件中的电机经减速器及齿轮与装有凸轮和锥齿轮的Ⅰ轴联接，Ⅰ轴上的凸轮通过分度机构联接转塔的实心轴，Ⅰ轴同时又通过一对锥齿轮与装有凸轮和锥齿轮的Ⅱ轴联接，Ⅱ轴上的凸轮通过连杆与转塔的空心轴联接，空心轴通过其上的控制部件与夹钳开合装置联接，Ⅱ轴同时也通过一对锥齿轮与Ⅲ轴联接；能对复杂物料进行包装，同时完成辅料的添加，满足高要求的包装。

a 多功能包装机

b 多功能包装机

7 多功能包装机

多功能包装机是在一台整机上可以完成两个或两个以上包装工序的机器。

多功能包装机由机架、转塔、传动部件、袋库、开袋部件、下料部件、辅料供应装置、拍袋装置、热封部件、封口冷却装置、输送装置、气体供应控制和水的供应控制部分、电器设备组成。步进式旋转的垂直轴转塔位于机架中部，转塔上装有夹钳开

8 贴标机械

贴标机是以黏合剂把纸或金属箔标签粘贴在规定的包装容器上的设备。当传感器发出贴标物准备贴标的信号后，贴标机上的驱动轮转动。由于卷筒标签在装置上为张紧状态，当底纸紧贴剥离板改变方向运行时，标签由于自身材料具有一定的坚挺度，前端被强迫脱离、准备贴标。此时贴标物体恰好位于标签下部，在贴标轮的作用下，实现同步贴标。贴标后，卷筒标签下面的传感器发出停止运行的信号，驱动轮静止，一个贴标循环结束。

制造业专用生产加工设备 [15]　包装相关设备

回转式全自动贴标机

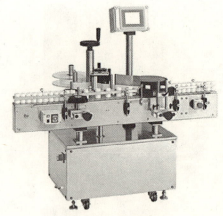

b 圆瓶不干胶自动贴标机

（1）卧式贴标机　卧式贴标机使系统发挥最稳定的效率。卧式贴标机自动计算已贴标的产品数量，卧式贴标机可于操控荧幕监控。可预设贴标数量，当贴标达到预设数量时便自动停车，产量管理方便又容易。

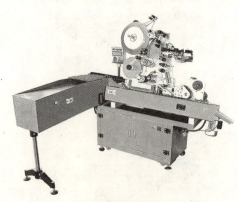

高速卧式贴标机

（2）油瓶贴标机　油类全自动灌装线选配，该型号贴标机主要适用于食品、粮油等行业在方形、圆形瓶状物料上快速自动贴标需求（如扁瓶贴标、方瓶贴标、与生产现场配套的食用油贴标）。贴标机具有通用性好、高稳定、耐用等优点。

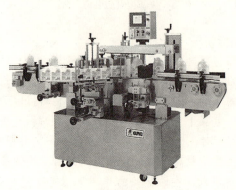

a 油瓶贴标机

（3）不干胶自动贴标机　不干胶自动贴标机适用制药、食品、轻工、日化等行业的圆形塑料瓶、玻璃瓶等或类似物体的贴标。该机能自动完成分瓶、送标带、同步分离标签，标贴和自动打印批号，字迹清晰。由于该贴标机采用机电一体化的技术，选用大力矩步进电机驱动，及日本光电控制装置、电源保护装置等先进系统，因此具有启动缓冲功能，整体灵敏度高，低速扭矩大，速度稳定，工作电压稳定，抗干扰能力强等技术特性。保证了贴标准确、贴标机稳定、可靠、高效。

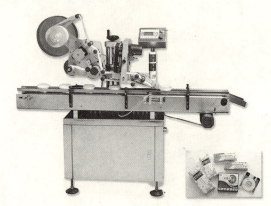

不干胶自动贴标机

（4）全自动贴标机　本产品由控制器、打印器及自动贴标头组成，打印清晰度高，贴标精确，适应各种条码标签，本产品可自动贴于各种不规则的表面如：凹的、凸的、圆的等。

包装相关设备　[15] 制造业专用生产加工设备

全自动贴标机

b 防爆高压清洗机

（5）半自动贴标机　专用在圆瓶、扁瓶、不规则瓶半自动贴标。操作简单、性能稳定；适用于化妆品、个人护理用品、医药及食品饮料等行业。

<u>10</u> 杀菌机

杀菌机是对产品、包装容器包装材料、包装辅助物以及包装件等上的微生物实行杀灭，使其指标降低到允许范围内的机器。

主要杀菌机产品包括管式杀菌机、超高温杀菌机、微波杀菌机。

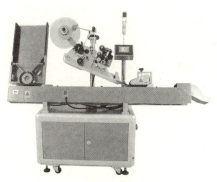

半自动贴标机

<u>9</u> 清洗机械

清洗机是采用不同的方法清洗包装容器、包装材料、包装辅助物、包装件，达到预期清洁程度的机器。

清洗机品种有：冷水高压清洗机、热水高压清洗机、电驱动清洗机、汽油驱动清洗机、电加热高压清洗机、柴油加热高压清洗机、超高压移动式清洗机、工业用不锈钢高压清洗机、防爆高压清洗机。

家庭型超声波清洗机根据超声换能器振动发射的原理，彻底地清洁附着于物品上的污垢、油垢、沉淀物等脏物，清洗效果明显直观，是集冲洗、清洁、杀菌为一体的全超声波清洗。

a 管式超高温杀菌机

b 鲜奶酸奶一机两用杀菌成套设备

a 迷你超声波清洗机

<u>11</u> 捆扎机

捆扎机是用捆扎带捆扎包装件，完成捆扎作业的机器。由机架、刀体结构、凸轮轴、电热头摆杆、电热头等组成的捆扎机捆扎装置，通过卸下弹性横销，再卸下在刀滚轮架上的固定螺钉，而后调整调整螺钉就可控制刀的长度，使刀的长度具有可调性

制造业专用生产加工设备 [15]　包装相关设备

和自动调节性能。该设备具有外形尺寸小、设计合理、结构紧凑、工作可靠、捆扎牢固、工作效率高、维护方便等特点。它特别适用于信封、书刊、钞票、商品等的捆扎。捆扎是为了防止物品的散落和丢失，便于运输和保管。捆扎机应用范围极广，几乎应用于所有行业的产品包装中。

分类方法	类别	简述
按捆扎材料分	塑料带捆扎机	它是用于中、小重量包装箱的捆扎机。所用塑料带主要是聚丙烯带，也有尼龙带、聚酯带等
	钢带捆扎机	它用钢带作捆扎材料，因钢带强度高，主要用于沉重、大型包装箱
按接头方式分	熔接式捆扎机	因塑料带易于加热熔融，故多适用于塑料带接头。根据加热的方式不同，又分为电热熔接、超声波熔接、高频熔接、脉冲熔接等
	扣接式捆扎机	它采用一种专用扣接头，将捆扎带的接头夹紧嵌牢，多用于钢带
按结构特点分	基本型捆扎机	它是适用于各种行业的捆扎机，其台面高度适合于站立操作。多用于捆扎中、小包装件，如纸箱、钙塑箱、书刊等
	侧置式捆扎机	捆扎带的接头部分在包装件的侧面进行，台面较低。适于大型或污染性较大包装件的捆扎，若加防锈处理，可捆扎水产品、腌制品等；若加防尘措施，可捆扎粉尘较多的包装件
	加压捆扎机	对于皮革、纸制品、针棉织品等软性、弹性制品，为使捆紧，必须先加压压紧后捆扎。加压方式分气压和液压两种
	开合轨道捆扎机	它的带子轨道框架可在水平或垂直方向上开合，便于各种圆筒状或环状包装件的放入，而后轨道闭合捆扎
	水平轨道捆扎机	它的带子轨道为水平布置，对包装件进行水平方向捆扎，它适用于诸如托盘包装件的横向捆扎
	手提捆扎机	一般置于包装件顶面，当带子包围包装件一圈后，用该机将带子拉紧锁住，它用手动操作，灵活轻便
按自动化程度分	手动捆扎机	依靠手工操作实现捆扎锁紧，多用塑料带捆扎。它结构简单、轻便，适于体积较大或批量很小包装件的捆扎
	半自动捆扎机	用输送装置将包装件送至捆扎工位，再用人工将带子缠绕包装件，最后将带子拉紧固定。它工作台面较低，很适合大型包装件的捆扎
	自动捆扎机	在工作台上方有带子轨道框架，当包装件进入捆扎工位时，即自动进行送带缠带、拉带紧带、固定切断等工序。该机带子轨道框架固定，一般适合于尺寸单一、批量较大的包装件捆扎
	全自动捆扎机	该机能在无人操作和辅助的情况下自动完成预定的全部捆扎工序，包括包装件的移动和转向，适于大批量包装件的捆扎

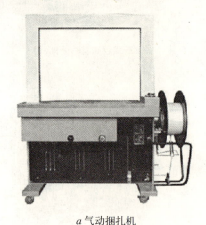

a 气动捆扎机

b 手动捆扎机

c 蔬菜捆扎机

蔬菜捆扎机：是用于使蔬菜捆扎，瓜果整理扎捆的打包捆扎机器，可使用不同规格的扎菜胶带，轻巧便于移动性操作。

钢筋捆扎机：钢筋捆扎机是适用于各种行业（如钢铁、造纸、木材、包装箱等行业）之平面打包的工具。接头无需铁扣，一次完成拉紧、咬扣、切带三个步骤，形成包装。其咬扣方式采用阴阳扣方式（免扣），不但能降低打包成本提高包装物的安全性，同时其快速有效的操作，更能大大提高打包量。

包装相关设备·电子产品制造设备　[15] 制造业专用生产加工设备

d 钢筋自动捆扎机

e MAX 钢筋捆扎机

电子产品制造设备

电子产品领域非常广，包括电子元件、组件：陶瓷电容器、电阻、陶瓷振荡器、滤波器、高频元件、高频组件、电源、传感器元件、压电元件；整机则有消费类电子产品，主要包括：电视机、影碟机（VCD、SVCD、DVD）、录像机、摄录机、收音机、收录机、组合音响、电唱机、激光唱机（CD）、电话、个人电脑、家庭办公设备、家用电子保健设备、汽车电子产品、GPS 导航仪等。随着技术发展和新产品新应用的出现，数码相机、手机、PDA 等产品也在成为新兴的消费类电子产品。从 20 世纪 90 年代后期开始，融合了计算机、信息与通信、消费类电子三大领域的信息家电开始广泛地深入家庭生活，它具有视听、信息处理、双向网络通信等功能，由嵌入式处理器、相关支撑硬件（如显示卡、存储介质、IC 卡或信用卡的读取设备）、嵌入式操作系统以及应用层的软件包组成。广义上来说，信息家电包括所有能够通过网络系统交互信息的家电产品，如 PC、机顶盒、HPC、DVD、超级 VCD、无线数据通信设备、视频游戏设备、WEBTV 等。目前，音频、视频和通讯设备是信息家电的主要组成部分。从长远看，电冰箱、洗衣机、微波炉等也将会发展成为信息家电，并构成智能家电的组成部分。

电子产品系统是由相关整机组成、整机中的部件是由零件、元器件等组成。电子产品的装配过程是先将零件、元器件组装成部件，再将部件组装成整机，其核心工作是将元器件组装成具有一定功能的电路板部件或叫组件。本书中介绍的电子产品制造设备指在制造电子产品过程中运用的基础设备。其中包括铆钉机、点胶机、切脚机、充磁机、端子机、贴片机、波峰钎焊机等。

1 铆钉机

铆钉机主要应用于需铆钉（中空铆钉、空心铆钉、实心铆钉等）铆合的场合，有气动、油压和电动、单头及双头等规格型号。

铆钉机和打钉机统称铆接，但打钉机仅靠压力完成装配。

自动铆钉机主要针对半空心铆钉机的铆接，可以自动下料，铆接效率高。旋铆机又分为气动旋铆机和液压旋铆机，主要用于实心铆钉或较大的空心铆钉的铆接。

a BCM18 型铆钉机

b HL-106S 铆钉机

c XM 系列旋铆机

制造业专用生产加工设备 [15] 电子产品制造设备

2 点胶机

点胶机又称涂胶机、灌胶机、打胶机等，是专门对流体进行控制，并将液体点滴、涂覆、灌封于产品表面或产品内部的自动化机器。点胶机主要用于产品工艺中的胶水、油以及其他液体的粘接、灌注、涂层、密封、填充、点滴、线形/弧形/圆形涂胶等。

点胶机适用于工业生产的各个领域：手机按键、印花、开关、连接器、电脑、数码产品、数码相机、MP3、MP4、电子玩具、喇叭、蜂鸣器、电子元器件、集成电路、电路板、LCD液晶屏、继电器、扬声器、晶振元件、LED灯、机壳粘接、光学镜头、机械部件密封等。

点胶机通常分为单液点胶机（也称单组分点胶机）和双液点胶机（也称双组分点胶机、AB胶点胶机、AB胶灌胶机、双液灌胶机）两大类。

单液点胶机通常分为以下五类：

（1）控制器式点胶机，包括自动点胶机、定量点胶机、半自动点胶机、数显点胶机、精密点胶机等。

（2）桌面型点胶机，包括台式点胶机、台式三轴点胶机、台式四轴点胶机，或者桌面式自动点胶机、三轴流水线点胶机、多头点胶机、多出胶口点胶机、划圆点胶机、转圈点胶机、喇叭点胶机、手机按键点胶机、机柜点胶机等。

（3）压力桶式点胶机，双液点胶机通常分为台式双液点胶机、落地式双液点胶机、PU胶双液灌注机、画圆自动点胶机、多头双液点胶机。

（4）无接触式滴胶泵是压缩空气送入胶瓶（注射器），将胶压进与活塞室相连的进给管中，在此加热，温度受控制，以达到最佳的始终如一的黏性。使用一个球座结构，胶剂填充由于球从座中缩回留下的空缺。当球回来时，由于加速产生的力量断开胶剂流，使其从滴胶针嘴喷射出，滴到板上形成胶点。

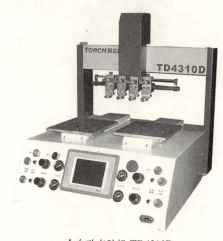

b 全自动点胶机

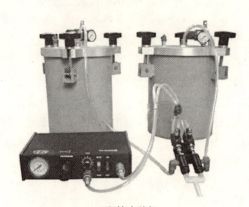

c 全自动点胶机 TD4310D

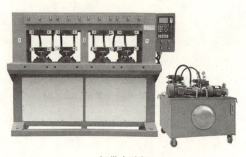

d 双液点胶机

a 手动高精度点胶机

e 织带点胶机

电子产品制造设备 ［15］制造业专用生产加工设备

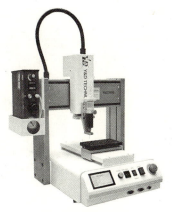

f 3000 桌上型自动涂胶机

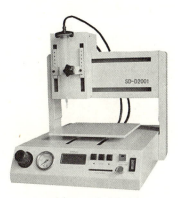

g SD-D2001 自动点胶机

h DT-200F 桌上型自动点胶机

i 上海点胶机

j 大恒 LED 半动三轴点胶机

k 科创 KOS 441E 全自动涂胶机

3 切脚机

切脚机是线路板切脚机的简称，主要用于切除元器件焊片焊接后的多余引脚。

a 全自动切脚机

b 散装电容切脚机

制造业专用生产加工设备 [15] 电子产品制造设备

c 散装电容切脚机

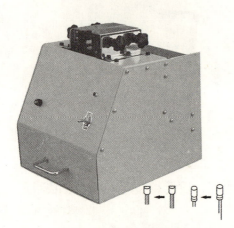

d CA-108 散装电容剪脚机

e 带式电容剪脚机

a 充磁机 SD-2010

b 手机喇叭充磁机

c MCG 高压脉充磁机

d 可控硅智能充磁机

4 充磁机

先将电容器充以直流高电压，然后通过一个电阻极小的线圈放电。放电脉冲电流的峰值可达数万安培。此电流脉冲在线圈内产生一个强大的磁场，该磁场使置于线圈中的硬磁材料永久磁化。充磁机电容器工作时脉冲电流峰值极高，对电容器耐受冲击电流的性能要求很高。

5 绕线机、绞线机

绕线机是把线状的物体缠绕到特定的工件上的机器。凡是电器产品，大多需要用漆包铜线（简称漆包线）绕制成电感线圈，这就需要用到绕线机。

常用绕线机绕制的线多为漆包铜线（绕制电子、电器产品的电感线圈）、纺织线（绕制纺织机用的纱绽、线团），还有绕制电热器具用的电热线以及焊锡线、电线、电缆等。

绕线机的种类繁多，按其用途分类，可分为通用型和专用型：通用型，由1根或数根线适合安装多种框架绕线的绕线机；专用型，是装有固定的专用绕线夹头，只能绕制一种线圈的绕线机。

电子产品制造设备　[15] 制造业专用生产加工设备

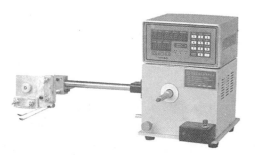

a 电感线圈绕线机

b 喇叭音圈绕线机

6 导线剥皮机

　　导线剥皮机是在家用电器及仪表、仪器行业的大批量生产中剥切导线绝缘皮的机器。

a 导线剥皮机

b 电气式剥皮机

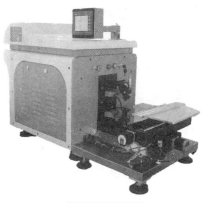

c 高频线激光剥线机

d 激光剥皮机气电式剥皮机

e 气电式剥皮机

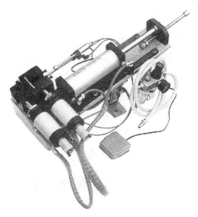

f 气电式剥皮机

227

制造业专用生产加工设备 [15] 电子产品制造设备

g 双线型剥线机

7 端子机

端子机指的是电线加工用到的一种机器，它可以把五金头打压至电线端，然后再做导通。端子机打出来的端子通常是为了连接更方便，不用去焊接便能够稳定地将两根导线连接在一起。

端子机可以分为气动端子机、超静音端子机、连续端子切 PIN 机、连剥带打端子机、半自动超静音端子机、裁线剥皮打端机、接线端子机、剥皮机小金刚端子机、串激电机定子打端子机、电脑线自动剥皮打端机、插针机端子机及金线端子机等。

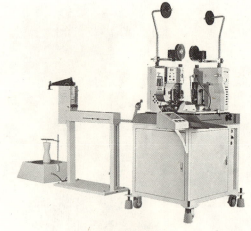

c 双头自动化端子机

d 自动单粒端子压著机

a（双端）全自动裁线剥皮打端子机

b 静音万能端子机

8 热压机

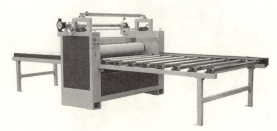

台面式热压机

热压机也叫压片机，是针对于 SMT 生产使用的一种设备，主要用于 FPC、LCD 液晶屏、斑马纸的电子类产品的热压焊接。

标准热压机包含双柱和四柱、台式和落地式，以及手动和自动热压机，其压力容量从 12～100t。

电子产品制造设备　[15] 制造业专用生产加工设备

a 热压成型机（SJM-450）

b 平面热压机

f 卧式和片热压机

c 热压机

g 脉冲式热压机

d 双下模移出热压机

9 振动盘

振动盘是一种自动组装机械的辅助设备，它能把各种产品有序排出来，可以配合自动组装设备一起将产品各个部位组装起来成为完整的一个产品。振动盘广泛应用于电池、五金、电子、医药、食品、连接器等各个行业，是解决工业自动化设备供料的必须设备。

振动盘主要由料斗、底盘、控制器、直线送料器等配套组成，满足产品排序外还可用于分选、检测、计数包装。

e 热压机（五层）

a 振动盘式全自动四爪钉机

制造业专用生产加工设备 [15] 电子产品制造设备

b 振动盘工作原理

c LED 振动盘

d 振动盘式研磨仪 RS200

a 塑料熔接机

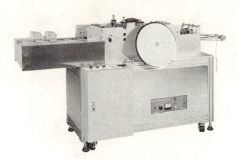

b GJ17 口罩绑带熔接机

c 高周波同步熔接机

d 转盘式高周波塑胶熔接机

10 熔接机

　　塑料熔接机全称为高周波(高频)塑胶熔接机(又名高周波塑胶熔接机),它利用高频电场使塑料内部分子振荡产生热能而进行各类制品熔合。

电子产品制造设备　[15] 制造业专用生产加工设备

[11] 跳线机

跳线机是用于加工电路板中无法直接导通的线路，俗称跳线的机器。

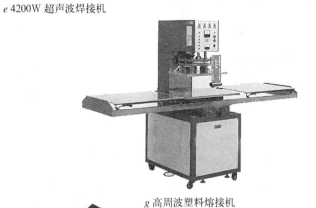

e 4200W 超声波焊接机

f EVA 熔接机

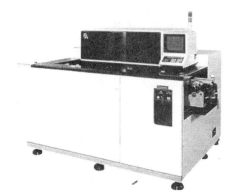

a 高速轴向元件插件机

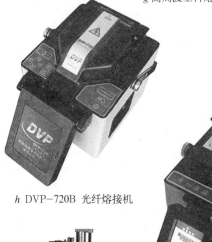

g 高周波塑料熔接机

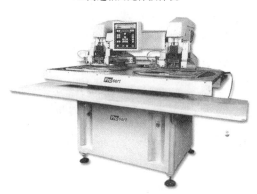

b 跳线机

h DVP-720B 光纤熔接机

i DVP-600 小型快速光纤熔接机

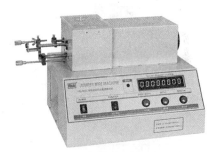

c 微控制跳线机

j 高功率超音波塑料熔接机

d 无废料跳线机

231

制造业专用生产加工设备 [15]　电子产品制造设备

12 贴片机

贴片机又称贴装机、表面贴装系统。在生产线中，它配置在点胶机或丝网印刷机之后，是通过移动贴装头把表面贴装元器件准确地放置PCB焊盘上的一种设备。分为手动和全自动两种。

全自动贴片机是用来实现高速、高精度地全自动贴放元器件的设备；是整个SMT、生产中最关键、最复杂的设备。现在，贴片机已从早期的低速机械贴片机发展为高速光学对中贴片机，并向多功能、柔性连接模块化发展。

d 全自动贴片机

a 手动贴片机

13 波峰钎焊机

波峰钎焊机是用以将电子元件与印刷线路板通过钎焊进行焊接的设备，广泛用于电子产品的生产过程中。

a 微型自动波峰焊机

b 手动贴片机

b 大型全自动波峰焊机

c 高速光学对中贴片机

商业专用设备 [16] 商业、金融与服务设备

随着人类社会经济的发展，商业、金融与服务业在国民经济中所占有的地位越来越显著，其所使用的设备越来越先进，所提供的服务也越来越快捷和便利。商业、金融与服务设备种类繁多，现将常见的设备简介如下：

类别	简述
商业专用设备	主要包括条码打印机、制卡机、扎口机、标签打印机等设备
金融设备	主要包括点钞机、捆钞机、硬币清分机、柜员机等设备
服务设备	主要包括排队机、自动售票机、检票机、牵引车等设备

商业专用设备

1 收款机

收款机又称 POS 机，是现代商业企业所必需的辅助管理设备。收款机主要应用在百货商场、超市、连锁店、宾馆、酒楼、加油站等行业。其作用是：1) 使营业收款更快捷、准确、减少差错、提高服务质量和经营档次；2) 准确记录收银员经手的业务，并减少、杜绝钱账不清、挪款作假现象；3) 及时准确统计出总销售量、销售额、客流量、单项商品的销售量、销售额以至库存量等营业数据，为经营管理提供参考依据，提高工作效率；4) 与电脑联网构成中和信息管理系统，实现对人、财、物进销存等业务工作的综合管理。

收款机由主机（板）、打印机、显示屏、钱箱、键盘组成。高档收款机可外接条码阅读器电子秤、刷卡器等外设。

b POS 收款机

c 餐厅、酒店用收款机

d 电子收款机

a 收款机

2 条码打印机

条码打印机通过打印头把碳带（相当于针打的色带）上的墨印在条码打印纸上（有一定标准大小）的不干胶式的打印纸，普通条码打印机主要是在商场使用。条形码打印机的打印是以热为基础，以碳带为打印介质（或直接使用热敏纸）完成打印，这种打印方式相对于普通打印方式的最大优点在于它可以在无人看管的情况下实现连续高速打印。

条码打印机适合用在需大量打印标签的地方，特别是工厂需在短时间内大量打印以及需要特殊标签（如 PVC 材料、防水材料）、需要即用即打（如现场售票等）的地方，应选择条码打印机。

商业、金融与服务设备 [16]　商业专用设备

a TEC B-452　TS 条码打印机

b ZEBRA Z4M/Z6M plus 工业条码打印机

c K-8 扎口机

c TSC TTP-244U 条码打印机

d PSII-711 铝钉机

3 扎口机

扎口机是用以扎封塑料袋的机器，分为胶带扎口机和铝订机两类，前者主要用于超市，后者主要适用于菌种及栽培料袋的袋口捆扎作业，且捆扎后的菌袋气密性好。

4 标签打印机

标签打印机指的是无需与电脑相连接，打印机自身携带输入键盘，内置一定的字体、字库和相当数量的标签模板商用电子系列 DYMO LM450 中英文标签打印机格式，通过机身液晶屏幕可以直接根据自己的需要进行标签内容的输入、编辑、排版，然后直接打印输入的打印机。

a U 形卡扎口机

a 标签打印机

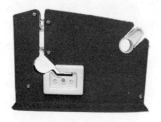

b X-8 扎口机

b MAX 多功能标签打印机

商业专用设备·金融设备　[16] 商业、金融与服务设备

c 商用电子系列 DYMO LM450 中英文标签打印机

d 标签打印机

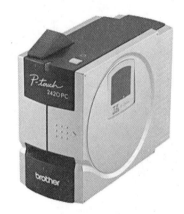

e PT-2420PC 标签打印机

f PT-18R 标签打印机

防水、防刮、色彩还原度强，可以打印各种光面卡片、PVC、接触式 IC 卡、非接触 IC 卡、非接触 ID 卡、低频卡、韦根卡、光储存卡，具有很好的安全性。

应用于门禁、金融交易、生物识别、医保记录管理、政府部门、大企业及金融机构的员工卡、校卡、通行卡、会员卡和积分卡等。

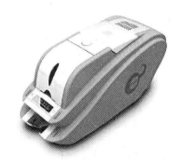

a smart 证卡打印机

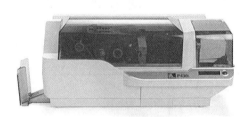

b Zebra P430i 制卡机

c Magcard Pronto 制卡机

金融设备

1 点钞机

点钞机是一种自动清点钞票数目的机电一体化装置，一般带有伪钞识别功能，集计数和辨伪钞票的机器。现在市场上的点钞机主要是利用荧光、红外、穿透、安全线、磁性工具对人民币进行鉴伪、计数和清分等功能。

验钞机由捻钞、出钞、接钞、机架和电子、电路等六部分组成。种类分为：

a) 便携式掌上验钞机是一种外形跟手机差不多大小的人民币纸币鉴别仪。便携式掌上激光验钞机在检验功能上以激光技术为主，红外线和荧光检验

5 制卡机

制卡机实际类似于一台普通的打印机，只要与电脑连接就能实现打印，但是区别在于在各种证件卡片上打印图像，是利用色带为耗材用热升华和热转印技术实现打印。

其最大的特点是可以个性发卡，卡片耐久度好、

商业、金融与服务设备 [16] 金融设备

为辅。外置 4.5～12VDC-AC 电源无极性输入端口，可以更方便的使用外接电源。

b）便携台式验钞机一般体积都比较大，跟静态的台式验钞机差不多，其不同的是，产品可以用干电池或只用干电池作为仪器电源，方便携带。

c）台式静态验钞机是一种体积等于或稍大于便携式激光验钞机的常用验钞仪器，其功能一般以磁性检验（磁编码和安全线的磁性检验）、荧光检验、光谱检验、激光检验等为主。

d）台式动态型验钞机具有同类产品不可比拟的功能组合，它以激光检验、光谱检验、荧光检验和红外线检验作为产品的主要检验功能，外置专用验钞紫外线灯管。产品具有声（语音）光报假、延时睡眠等功能。

e）激光点钞机是在点钞机的前代产品上加上激光检验功能而实现的（图像扫描式激光点钞机除外）。由于验钞机只能作为钞票鉴别的辅助工具，因此，在对钞票进行鉴别时，除了运用验钞机检验各种一般条件下无法观察的防伪标记和纸质特点外，还要依赖自己对钞票的仔细观察来确定钞票的真与假。

d E331 点钞机

e 点钞机 WJD-WL17/WL17A

f 便携式掌上验钞机

a 2028E 点钞机

b HT-2600A 验钞机

g 台式静态激光验钞机

c HL-V6 点钞机

h 美元验钞机

金融设备　[16] 商业、金融与服务设备

i 便携式激光验钞机

2 捆钞机

捆钞机是光机电一体化产品，为了解决金融系统纸币捆扎而研制的捆钞设备，它将压紧、捆扎、转位、烫合等工序自动完成，从而大大地提高了工作效率及自动化办公程序。

捆钞机主要类别有全自动捆钞机和半自动捆钞机。最新型捆钞机采用微电脑控制、使用了最先进的非接触烫合方式，一次压紧，完成三道捆扎，成型更平整，避免了多次压钞，真正保护钱币不受损伤。

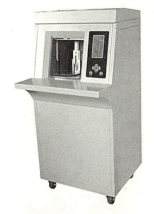

c 液晶显示全自动捆钞机

d 电脑自动捆钞机 DNK-868

a JR-93 电动捆钞机

e KXJ-32 全自动捆钞机

b JR-2000 半自动捆钞机

f ZZ-2C 型自动扎钞机

商业、金融与服务设备 [16] 金融设备

3 硬币清分机

硬币清分机是能准确地把各种硬币区分开来，还可显示所放硬币的总金额和各种不同面值硬币数量的机器。

a 硬币清分机

b 硬币清分机

c 硬币清分机

d 硬币清分机

4 柜员机

自动柜员机即 ATM，是指银行在不同地点设置的一种小型机器，利用一张信用卡大小的胶卡上的磁带记录客户的基本户口资料（通常就是银行卡），让客户可以透过机器进行提款、存款、转账等银行柜台服务，现实中大多数客户都把这种自助机器称为提款机。

a 穿墙式自动柜员机

b 大堂式自动柜员机

5 刷卡机

人们常说的刷卡机简称 POS 终端，终端通过电话线拨号的方式将信息首先发送到银联的平台，银联平台识别相关信息之后会将扣款信息发送到发卡银行，经发卡银行确认之后，再回发信息至银联平台，银联确认之后，会再将已处理的信息发送至前置终端，终端收到确认后的信息，然后打印单据。

还有 IC 卡刷卡机，通常用于饭堂和一些消费场所可预先储存一部分费用，再刷卡消费。

金融设备·服务设备　[16] 商业、金融与服务设备

a POS 机

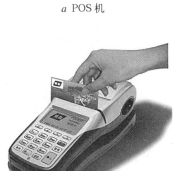

b POS 机

c POS 机

d 食堂刷卡机

e 接触式饭堂刷卡机

f IC 卡食堂刷卡机

g 会员刷卡机

服务设备

1 排队机

排队机系统是一种综合运用计算机技术、网络技术、多媒体技术、通讯控制技术的高新技术产品，能有效地代替客户进行排队，适用于各类窗口服务行业。一般排队机由发号机、显示屏、叫号按钮盒、叫号音箱等组成。

a 自服智能排队取号机

b 触摸屏有线排队机

商业、金融与服务设备 [16] 服务设备

c 嵌入式排队取号机　　d 排队取号机

e 触摸查询一体机　　f 排队取号机

2 自动售票机

自动售票机是自动售票的机器，通常用于自动销售火车票或地铁票等。

a 地铁自动售票机

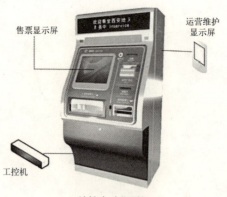

b 地铁自动售票机

3 检票机

自动检票机是自动检查票并完成扣费的机器，通常在地铁站、公园、度假场所等公共区域都有这种机器。

a 自动检票机

b 自动检票机

4 自动售货机

自动售货机是一种能根据投入的钱币自动出货的机器。自动售货机是商业自动化的常用设备，它不受时间、地点的限制，能节省人力、方便交易。

现代自动售货机的种类、结构和功能依出售的物品而异，主要有食品、饮料、香烟、邮票、车票、日用品等自动售货机。一般的自动售货机由钱币装置、指示装置、贮藏售货装置等组成。

服务设备　[16] 商业、金融与服务设备

a 饮料自动售货机

b 咖啡自动售货机

c 咖啡自动售货机

d 自动游戏机

e 食品自动售货机

5 机场、车站、码头运输车辆

这类车辆是指用于机场、车站、码头内运输乘客、行李货物的车辆，它包括各种牵引车、飞机客梯车、行李货物传送车、食品运输车等。由于防火的需要，机场运输车辆多数采用电力驱动。

a MiniPickup 电动牵引车

商业、金融与服务设备 [16]　服务设备

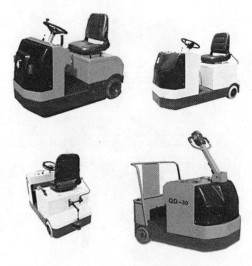

b QD 系列高效节能　电动牵引车

c 行李平板车

e 航空食品运输车

d 客梯车

f 行李货物传送车

参考文献

[1] 百度知道 http://zhidao.baidu.com

[2] 百度百科 http://baike.baidu.com

[3] 百度图片 http://image.baidu.com

[4] 百度 http://www.baidu.com

[5] 维基百科 http://zh.wikipedia.org/wiki

[6] 互动百科 http://www.hudong.com

[7] 中国机械专家网 http://www.mechnet.com.cn

[8] 中国自动化网 http://www.ca800.com

[9] 中国数控机床网 http://www.c-cnc.com

[10] 中国工程机械网 http://www.gongchengjixie.com

[11] 中国纺织网 http://www.texnet.com.cn

[12] 工成网 http://www.buildbook.com.cn

[13] 中国机械设备网 http://www.jx188.com

[14] 中国食品机械设备网 http://www.foodjx.com

[15] 中国包装机械网 http://www.bzjx.org

[16] 《木工》，建设部人事教育司组织编写，中国建筑工业出版社，2002

[17] 《太平风物：农具系列小说展览》，李锐，生活·读书·新知三联书店，2006

[18] 《农具史话》，周昕 编著，农业出版社，1980

[19] 《小农具用钢》，《小农具用钢》编写组编，冶金工业出版社，1975.2

[20] 《安徽改良农具介绍·第一集》，中共安徽省委编辑室编，安徽人民出版社，1958

[21] 《水田农具工作参考资料》，中华人民共和国农业机械管理总局编辑，财政经济出版社，1957

[22] 《农具制造与修理》，珠海出版社，2000

[23] 《草坪剪草机》，中国建筑科学研究院建筑机械化研究所等起草，中国建筑工业出版社，1989

[24] 《实用工具便查手册》，曾正明主编，中国电力出版社，2005

[25] 《电工技能：从基础到实操》，君兰工作室编，科学出版社，2009

[26] 《电气控制与工程实习指南》，丁学文，机械工业出版社，2008

[27] 《电工工具使用入门》，于日浩，化学工业出版社，2008

[28] 《电工操作入门》，邱利军、于日浩，化学工业出版社，2008

[29] 《电工工具和仪器仪表》，张应龙，化学工业出版社，2008

[30] 《轻轻松松学电工》，杨清德、余明飞，人民邮电出版社，2008

[31] 《怎样做一名合格的电工》，王俊峰，机械工业出版社，2008

[32]《电工电子常用工具与仪器仪表使用方法》,王学屯,电子工业出版,2009
[33]《电气设备与仪表安装工程》,张卫兵、段成君、刘庆山,中国建筑工业出版社,2007
[34]《电工常用工具和仪表》,胡山、杨宗强,化学工业出版社,2007
[35]《电工电子常用工具与仪表初学入门》,刘运和,机械工业出版社,2007
[36]《电工技能训练》,魏连荣,化学工业出版社,2007
[37]《电工电子实用技术选训教程》,董儒胥,上海交通大学出版社,2005
[38]《电气设备安装技术问答》,刘光源,中国电力出版社,2007
[39]《农村照明线路》,流耘,人民邮电出版社,2007
[40]《实用电工技能训练》,左丽霞、李丽,中国水利水电出版社,2006
[41]《实用五金手册》,朱华东、吕超,中国标准出版社,2006
[42]《电工技术基础与技能实训教程》,陈学平,电子工业出版社,2006
[43]《新编电工速成》,万英著,福建科学技术出版社,2006
[44]《焊接设备选用手册》,第一机械工业部天津设计院、第六机械工业部第九设计院、第六机械工业部设计室,内部发行
[45]《实用电动工具手册》,李耀天,北京出版社
[46]《图解电工既能》,杨清德,电子工业出版社
[47]《实用电动工具手册》,李非协,机械工业出版社
[48]《机械产品目录:1996.第2册》,机械工业部编,机械工业出版社,1996
[49]《机械产品目录.第二册:冶炼设备等》,机械电子工业部编,机械工业出版社,1991
[50]《轻工机械产品目录.第三册:食品设备、包装设备、轻工仪器仪表》,轻工业部编,轻工业出版社,1982
[51]《轻工机械产品目录.第一册:制浆造纸设备.下》,轻工业部编,轻工业出版社,1982
[52]《江苏省机械产品目录.第5册,机床》,龚渭染主编,机械工业出版社,1992
[53]《江苏省机械产品目录.第4册,石化、通用机械》,钮志贤主编,机械工业出版社,1992
[54]《机床、铸锻机械及工具产品选用手册.下册》,机械工业部编,兵器工业出版社,1994
[55]《冶炼机械》,时彦林,化学工业出版社,2004
[56]《包装机械产品大全》,赵淮主,化学工业出版社,2003
[57]《塑胶机械产品供应目录》,机械工业信息研究院编,机械工业出版社,2002
[58]《通用机械》,齐大信,化学工业出版社,2004
[59]《物流机械》,常红,孟初阳,人民交通出版社,2003
[60]《工程机械》,水牛出版社,1980
[61]《轧钢机械》,黄华清,冶金工业出版社,1980

[62]《铸造机械》，南京机器制造学校主编，机械工业出版社，1979
[63]《炼钢机械》，罗振才，冶金工业出版社，1989
[64]《食品机械》，崔建云，化学工业出版社，2007
[65]《包装机械》，尹章伟，毛中彦，化学工业出版社，2006
[66]《炼铁机械》，严允进，冶金工业出版社，1990.5
[67]《食品机械与设备》，官相印，中国商业出版社，2000
[68]《塑料成型设备》，刘西文，印刷工业出版社有限公司，2009
[69]《工业机器人》，吴振彪，王正家，华中科技大学出版社，2006
[70]《柔性制造技术的现状及发展趋势》，张洪，机械工业出版社，2008
[71]《混凝土机械》，陈宜通，中国建材工业出版社，2002
[72]《中国近代手工业史资料》，中华书局，上海，1962
[73]《新中国纺织工业三十年》，纺织工业出版社，北京，1980
[74]《包袋制作工艺》，姜沃飞，华南理工大学出版社，2009

编后语

  本分册的编写工作于 2005 年启动，历时五年，曾几度易稿，先后邀请数十名师生收集、绘制相关图文资料，近期又在此基础上进一步整理、完善和修改，终于在多方支持与鞭策下完稿付梓。此刻，本人在感到有所欣慰的同时，对于滞迟出版时间深感内疚。

  在本书漫长的编写过程中，得到了广东工业大学艺术设计学院工业设计系、广东白云学院艺术学院工业设计专业的众多师生的帮助和支持，特别是蒋雯教授曾协助我制订、修改编辑大纲，赵壁、张欣、陈朝杰、潘莉、刘帆等几位青年教师以及我的研究生黄旋、罗名君、刘方伟和师宏等同学为本书的编辑作了大量工作；另外，广东华南工业设计院高级顾问王习之先生、王唯一先生以及年轻设计师们亦为本书作出了贡献，在此一并表示诚挚的谢意。

  在本书即将出版之际，我还要特别感谢中国建筑工业出版社李东禧主任、李晓陶编辑和本套资料集的总主编刘观庆教授，感谢他们对我的长期以来的信任、支持和宽容。

2010 年 11 月于广州

图书在版编目（CIP）数据

工业设计资料集10　工具·机器设备/杨向东分册主编.
北京：中国建筑工业出版社，2010.1
ISBN 978-7-112-12779-5

Ⅰ.①工…　Ⅱ.①杨…　Ⅲ.①工业设计－资料－汇编－世界②工具－设计－资料－汇编－世界③机械设备－设计－资料－汇编－世界　Ⅳ.①TB47

中国版本图书馆CIP数据核字（2010）第254894号

责任编辑：李东禧　李晓陶
责任设计：董建平
责任校对：姜小莲　王雪竹

工业设计资料集 10
工具·机器设备
分册主编　杨向东
总　主　编　刘观庆
*
中国建筑工业出版社出版、发行（北京西郊百万庄）
各地新华书店、建筑书店经销
北京嘉泰利德公司制版
北京中科印刷有限公司印刷
*
开本：880×1230毫米　1/16　印张：16　字数：538千字
2011年9月第一版　　2011年9月第一次印刷
定价：72.00元
ISBN 978-7-112-12779-5
　　　（20037）

版权所有　翻印必究
如有印装质量问题，可寄本社退换
（邮政编码100037）